建筑设计实践的智慧化
——开放、共享、适应、变化

张 芮 著

本书由陕西省自然科学基础研究计划项目(2014JM7292)资助出版

科学出版社

北 京

内 容 简 介

本书主要研究建筑设计实践活动从需求、想象、设计到成型的过程，描述建筑的物质生命和功能生命与使用者相互适应契合的系统化动态过程。建筑作为人在自然中生存的共同体，是自然循环体系中具有影响的部分，建筑在被人使用的过程中也会经历萌芽、生长、成熟、衰老、消解的全生命周期。与使用者周期动态契合的建筑可称为"智慧化建筑"。设计、更新建筑使之智慧化的过程，即为建筑设计实践的智慧化，其本质特征是：开放、共享、适应、变化。借助大数据的开放和共享建构建筑设计实践过程这一复杂系统的动态变化模型，以适时的反馈和自适应控制来适应信息时代使用者不断变化的需求，目标是减少短命建筑的产生，以智慧建筑为基本单元，实现智慧城市乃至智慧地球的宏观目标。

本书适用于建筑专业学生、建筑研究学者、建筑设计师及建筑行业的相关人员。

图书在版编目(CIP)数据

建筑设计实践的智慧化：开放、共享、适应、变化/张芮著.—北京：科学出版社，2016.3

ISBN 978-7-03-047672-2

Ⅰ.①建… Ⅱ.①张… Ⅲ.①建筑设计-研究 Ⅳ.①TU2

中国版本图书馆 CIP 数据核字(2016)第 049561 号

责任编辑：祝 洁 杨 丹/责任校对：刘亚琦
责任印制：张 伟/封面设计：红叶图文

科 学 出 版 社 出版
北京东黄城根北街 16 号
邮政编码：100717
http://www.sciencep.com

北京厚诚则铭印刷科技有限公司 印刷
科学出版社发行 各地新华书店经销

*

2016 年 3 月第 一 版 开本：720×1000 B5
2021 年 11 月第四次印刷 印张：10 1/2
字数：211 000

定价：**128.00 元**
（如有印装质量问题，我社负责调换）

前　言

　　建筑学是一门基于设计实践的学科，作为国际大工地的中国建筑行业已经积累了足够的案例和数据，但是鲜有人对这些丰富的建筑实践活动进行过程性研究。实际上对于活动的研究能提供更为准确的可以沿袭的方法。在设计实践过程中建筑师严格遵守规范和法规，却发现面临的高频问题是没有文字叙述的"如何做"。由于建设者和使用者的脱节，缺乏充分翔实的依据可以回答"为什么"设计的问题。没有明确的目标和依据，关于"做什么"也缺乏使人信服的理由。

　　"如何做"里包含了太多的数据、经验和逻辑，实践建筑师没有可以用来总结数据的足够时间，建筑理论家同样面临数据几何增长难以及时搜集整理的问题。如果把蕴含复杂科技、人文、艺术的建筑设计实践活动看作一个动态变化的系统进行研究，也许可以通过控制论的方法找到厘清数据的办法。本书借助系统控制理论在建筑设计实践活动中的应用，探讨大数据前提下建筑设计实践过程的智慧化问题。通过建筑设计实践过程的智慧化系统框架的建立，实现建筑设计实践全生命周期的智慧化控制，目标是使建筑的功能生命与物质生命同步，减少短命建筑的形成，探讨长寿建筑的成因。

　　本书的议题来源于作者的博士生导师乔征教授，主要章节也是在乔征教授所指导的博士研究论文的基础上形成的。关于系统控制部分的理论及实验数据均来源于与系统控制学博士张永辉、杨本昭、胡万里的合作。博士生导师张勃教授对前期工作做了大量的指导；王军教授给予很多方向性的指导意见；西北工业大学博士生导师赵嵩正教授在系统工程方面给予了专业的批评和指导；研究生李赢、韩阳在制表、附图以及问卷调查研究上做了大量的工作。

　　本书基于作者二十年来对建筑设计实践及理论研读的感悟，并在博士论文的基础上进一步修改而成的，写作期间历经波折，几近放弃，感谢西安建筑科技大学陈媛老师的督促和鼓励，才有今天的成果。求学期间，导师乔征教授谈吐纵横捭阖，指正鞭辟入里，为人平和温良，在做人和做事上都使我受益匪浅，与此同时，师母唐依凡教授也不厌其烦地为我修正书中的文字及逻辑性错误，感激之情无以言表。感谢参阅的众多文献的作者，他们的研究成果是我探索的基础。

　　感谢同为系统工程学博士的爱人张永辉先生在生活及研究上给予的巨大支持和保障，以及一路以来不断的诤见，才使这本书完成并出版。同学王涛、张诚、李宝峰、龙雄军等在问卷调查中给予了无私帮助，没有他们就无法保证调查的顺利完成，在此一并表示感谢。同时对所有参与问卷调查的人们致以深深的谢意。

由于作者水平有限，书中难免有疏漏和不妥之处，敬请广大读者批评指正。

作　者

2015 年 6 月

目　　录

第1章 本原与载体

首先要声明的是，本书不是一个关于建筑设计理论的框架、方向或者更新，甚至也不是一本与建筑设计理论有关的书。本书的重点是要描述设计实践过程中的各种问题和疑惑。设计实践是一个完整的系统化的过程。这个系统涉及的因素过多，维度复杂，维度之间的动态关系随时间在不断变化，在比较短的时间里藉一己或某一有限人数的团队之力显然是无法给出"如何做设计"这个和时间有密切关系的问题的确定答案的。

然而，"如何做设计"这个问题也正是学建筑的学生、刚刚进入建筑行业的实习生、工作有一定年限仍然心存疑惑的建筑设计从业者甚至已经成熟的建筑师反复追问的问题。市面上已经有很多的关于图形拆解、实例分析的著作可以让不同阶段的人按图索骥，寻找合适自己的方法。但是在国内大部分建筑学的学生都是招收自理科生的现状下，发散式的回答或者直接给出结果的方式都难以满足这种教育习惯下的提问者。建筑学教师用各种不同的方式来回答这一问题，把问题拆解成"How——设计技巧""Why——设计依据""What——设计目标"三部分，力图让学生可以在迷雾中自主找到一个方向标识。这种只给出标识的回答方式似乎更容易让提问者满意，也更容易把提问者推向他想要去的方向。注意，这里说的是"他想要去的方向"，而不是"正确的方向"。

本书的目标是寻找合适的方向。书中提出了一些中国建筑师在设计实践过程中普遍面临的问题，借助同跨学科研究者合作的经验，描述运用跨学科的方法在解决建筑实践问题的方向上有什么不同。

建筑学对设计实践的探讨其实从来都没有停止过，既有皓首穷经历数十年形成的希图可以给后来者一个明确轨迹的一整套完整的方法，也有简单粗暴的口号式总结被数代建筑人奉为圭臬。然而作为建筑从业者，每一个人都或多或少的有过暂时的迷惑，大多数时候，图形、符号或者金句在真题和复杂的国情面前不但发挥不了作用，还时不时遭遇"撞脸"。大到国家规范小到地方法规都会严格规定建筑师不能做什么，建筑师们面临的最频繁的问题却是文字间没有叙述的"做什么"。文件、任务书和指令指向的是愿景，却没有清晰可作为依据的"为什么"。建筑实践者们被迫在规范中挖掘空隙，在文本和话语中寻找模糊的使用者，把空隙和模糊作为依据在自己的设计文件中进行软弱无力而又声嘶力竭地强调，用酷炫的视觉冲击转移各方的注意力，以图避开设计最应该解决的"怎么做"的问题。

"怎么做"里包含了太多的数据、经验、逻辑,作为国际大工地的中国建筑行业已经鲜有时间去验证数据、总结经验、梳理逻辑。"天下武功,唯快不破",岂不知,这一"快"也是建立在经年累月的重复练习的基础上。人类虽然已经进入信息时代,但是即便是信息科学本身也还没有发展到可以直接将知识转存到人类的头脑之中。各种信息的开放以及"不想输在起跑线上"的心理加上几千年固有传统观念的沉滞混合成了当今中国建筑界的特殊的审美抉择,这种审美表现出更多的茫然无措,在很长一段时间里不仅仅占据了主流,而且扰乱了大众审美的观念。建筑作为记忆的场所,在人们还没有来得及记住的时间段里就消失了,消失的速度远远大于人们回忆的速度。20 世纪 90 年代之前,人们还试图在童年成长的环境里寻找自我和他人之间的联系,建设和拆除的快速更迭造成记忆场所的不断消失,迫使人们不得不把他人、过去连同自我快速地甩在身后。人们迫不及待地由一个新城镇奔向下一个更新的城镇,像是永远无处落脚也无法停留的无主魂灵。新兴的文艺青年们开始在残留的并不属于自己过去的废墟里寻找记忆,在废墟里重建那些模糊的记忆,大都市里几乎没有人可以拥有属于自己的超过五十年的居所,居民搬进搬出,孩子们刻在墙上的身高标识不到成年就被多次毁掉。建筑的短命促成了城市彻底的更新,这种更新带来的是精神层面上的惘然,建筑师们和建设者们站在曲径分叉的路口,不知如何抉择。

所有的参与者都知道在建筑设计之初强调功能要满足使用者的需要,并且为此耗费了大量的时间和人力物力编撰建筑设计任务书,专业的研究者们也集中力量探讨如何在建筑策划阶段使得任务书足够科学,即便如此,仍然避免不了许多当时优秀的作品在建成不久即遭拆除的命运,拆除的原因各色各样,但都逃不出一个共同的理由:功能生命完结了。由此滋生的资源浪费是有目共睹的。继而生发出更多的技术问题,如何再利用建筑废料,如何采用可回收的建筑材料,如何推广更容易拆除的异地重建的建筑。毋庸讳言,与建筑行业有关的各行各业已经在这一问题上付出了最大的努力,人人都知道问题的症结在于功能生命和物质生命的不匹配,残留的建筑就像他人的躯壳,试图在里面装进新的灵魂似乎变成了一件完全不可能的任务。也许当前面临的问题并不是给旧的躯壳装进新的灵魂,而是如何更新旧有的灵魂,使得建筑也能够身心合一,使建筑的功能生命能够得以和物质生命共同进化。如今,人们已经有了最好的科技来更新肌体的组成部分,脑科学家们也一直致力于研究如何延续人的智慧。建筑作为人类抵御自然、在自然中生存、获得物质和精神双重保障的共生物,难道不应该和人类一起进化,从而真正具有和人类共生的能力吗?

这是一个根本性的问题,人们不断提及全球的可持续发展和城市的智慧化,却忽略了建筑这一城市组成的基本单元的不可持续性在于建筑设计实践过程的僵化。这种僵化正是由建筑界盲目追逐高速的科技发展的过程中的疲累所造成的。

人们努力地把一切可以找得到的科技手段应用到建筑表皮及技术设计中去，设计出更多刺激视觉和感官的庞然大物。最新的科技一定是最具创意的。建筑设计成了竞技场，设计师们在这里比拼，看谁能找到最高科技合作者，或者谁能拥有最新科技手段。科技模糊了创意，建筑师们分化成高技派和朴素派，高技派们停留在主流市场，朴素派们带着疑惑转向小众的私人或自建项目。有趣的是，两派在彼此批判的同时互相觊觎，甚至有许多建筑师试图游离在两者之间。当然也有人试图去改变这一过程，在大型项目里寻找有机动态变化的过程控制，或者在小型项目里注入更多技术的影响。剥离掉建筑设计来自于灵感黑箱这一因素，建筑设计的过程是否可控这一问题，是本书的写作初衷，也是本书的成因，同时也希望借助本书的抽丝剥茧引发更大的蝴蝶效应。

随着经济的发展以及生活方式的快速变化，中国建筑经历了需求模式以及功能构成的加速变化。这种变化不仅仅表现在变化的频率上，也表现在变化的速度上，并贯穿了前期、设计、建设、维护及重建等建筑生命周期的所有阶段。这一现象在中国各大城市及城镇大范围存在，并没有出现过某一个较为稳定或停滞的阶段。事实上在整个中国建筑历史发展的过程中，变化也是一直存在的，只不过早期的变化是以朝代的更替为明确的分界线，每个朝代的更替，多多少少会造成建筑风格、等级、群落的型制发生变化。由于经济和技术的限制，过去种种的变化并未像近几十年的变化如此多样，如此难以归类。由于建筑设计实践产生的各类数据多样、繁杂，基于近几十年的建筑设计风格的系统化理论研究几乎是空白。中国建筑在近几十年里既没有抓住传统的尾巴，也没形成自己独有的明确的风格，这是令人痛心的。问题在于，建筑师们一方面疲于跟进高速前进的科技的脚步，一方面又背负着惊人的建筑面积完成量指标。扯着高科技的尾翼尘沙满面，负重奔跑的人既无法顾及风景，更无法顾及自我形象。住宅、办公、展览建筑，建筑师们在各个领域都努力试图冲破传统和国际的两重枷锁，创造出属于中国独有的建筑空间和造型风格。即便如此，风格创立的速度远远跟不上建筑更新的速度，往往某一建筑风格突现，尚未来得及在业界或大众审美中进行传播，就已经面临被拆除或更新的命运。

因此，大部分的中国建筑师面临着"找不到北"的设计困境。这种困境基于千百年的文化传承却苦于无例可循，基于普遍而强大的西方文化的冲击却又无根可植。符号、概念、比例、空间，究竟哪一种方法或哪几种方法的混合能够在专业审美和大众审美的层面上取得最大程度的认可，已经成了困扰实践建筑师的核心问题。

从时间轨迹上来看，中国现代建筑的历史是从 1949 年开始的，而现代建筑发端于 20 世纪 20 年代，这一时期建筑师自发的采取了各自熟悉的、最能适应当时形势的现代建筑原则，即重视基本功能、追求经济效果和创造简约的现代形式，也为这一时期留下了一些优秀的经典作品，如北京百万庄居住区、天津中山门工人新村、同济大学文远楼等（邹德侬，2010）。由于历史原因，中国现代建筑的风格并没有严格的断代界定，邹德农教授在中国现代建筑史的编写中对建筑风格也给予了不同的描述。本文参考了中国现代建筑史的时间节点，但是为了叙事方便，按照建筑发展的各方参与程度简单地分为初期、中期、和后期三个阶段。

初期（20世纪早期到70年代）阶段，主要的建筑形式基于新型城镇建设发展的目的，公共建筑设计和建设都是计划性、指令性的活动。这期间也涌现了一大批优秀的探索风格的作品，早期由杨廷宝先生设计的东南大学大礼堂（图1-1）就是典型的代表。这一时期的建筑师作品在公共建筑上开始探索一些对中式传统风格和欧式风格甚至国际现代主义运动的结合，由于功能和经济的要求，建筑的平面多采用中规中矩的规则对称空间。而民宅由于城市人口数量的原因，依然保留原有大量的自建平房及宅院。无论公建还是居住建筑都开始脱离千百年来沿革制式的传承，发生着缓慢变化。

图1-1　杨廷宝设计的东南大学大礼堂（南京工学院建筑研究所，1983）

除了依照旧制的私宅改扩建及加建，土地的归属决定了建设各方的立场。国有企业作为大城市企业构成的主要形态，由于土地公有，城镇住宅建设的主体也属国有。在当时的人口增长状况下，住宅一直处在刚需，但受经济条件限制且建设速度缓慢，加之建筑技术及构造的条件的落后，初期的建设规模和建设速度增长缓慢。中国社会经济的发展也并未进入高科技时代，生活习惯仍然停留在农耕文化时代，导致建设方及使用方对住宅功能的认知均不完善，只能满足基本的生理需求。这一时期城市工人比较集中的大的企事业单位住宅形式是被称为"筒子楼"的介于公寓和住宅之间的建筑。"筒子楼"一般不超过五层,有简单的公用盥洗间、厕所,但是没有厨房。作为宿舍到住宅之间的过渡形式,"筒子楼"存在了几十年,直至 20 世纪末才开始渐渐成为被淘汰的建筑形式。这种筒子楼成为一代人的记忆,同时也成为一个特殊时间段的生活方式的象征。筒子楼的出现和消亡记述了建筑功能生命随着人的需求而变化的过程。

中期(20 世纪 70 年代末到 20 世纪末)阶段,国有经济形式和私有经济形式共存,改革开放带来了人们视野和欲求的变化,以及生活方式的变化。人们开始具有生活私密性的意识,这在"筒子楼"时代是不存在的。住宅的承建主体依然以国有企业为主,因此住宅的功能共性也仍旧是平面构成的主要依据。经济因素依然大过使用因素,这一时期的住宅主要特征是面积小、布局简易但是具备内部卫生间以及简易厨房,较之以前把生活私密性的需求扩大了。

后期(20 世纪末至今)阶段,新世纪信息的涌入对于建筑设计的影响与之前不可同日而语。居住者对于住宅功能的要求开始上升到精神层面,改建和拆迁随处可见。大量 90 年代建设的多层砖混或者大板等构造体系的居民小区以及城中村改造项目,寿命还不到 20 年就开始进入被拆除的行列。反复的拆迁自此开始成为中国建设高速前进的标志性行为。

公共建筑也面临同样的命运。公共建筑从建设方来看主要分为两种,一种是有中国特色的单位自建办公楼。早期的办公楼以单位和职称为级别来界定办公的面积和规模,在市场化和公司化之后也进入改建之列。另一种是大型公共建筑,随着现代化带来的物质技术力量的迅疾扩散、媒体的逐步开放、生活方式的快速全球化,大量的旧火车站、旧体育馆也已被列入拆除行列。建筑物质的"长寿"和功能的"短命"成为设计界面临的严峻问题。既有建筑改建已经提上议程,全社会乃至设计界都认识到由于资源和土地的原因,改扩建将是大势所趋,可是即便如此,课题的研究和建筑设计实践仍然有着巨大的差距。

一方面,大的全球化发展方向使有良知的建筑师都认识到,大量的拆建是在全球化可持续化语境下的建设误区。可是在宏观的全球化需求和微观的客户需求之间显然存在着不可逾越的鸿沟。建筑的功能和形式从建筑类型学的角度而言,种类并没有比过去 100 年来增加多少,人类的活动方式却在这 100 年里发生了巨大的变化。随着产业经济的不断快速推动,建筑师们来不及思考这种活动模式变化的成因,更谈不上去探索正在建设的项目将会容纳哪些类型的活动,或者将会影响哪些系统的活动,进而产生什么样的后果。由于分工和社会劳动力的需求,建筑的设计被切分成阶段性的成果,项目的周期及复杂性决定了大多数建筑师都难以完整地参与从建设项目的项目建议书一直到竣工验收直至投产时运行的整个阶段,并在整个阶段解决从整体到细部的全部问题。

　　另一方面，几乎所有类型的建筑从建国到今天都在功能细节要求上发生了颠覆性的变化，而且这种变化仍呈加速状态。对这种变化的研究本应属于建筑师的工作范围，但是由于学科种类的细分，对于生活的需求被纳入社会学、人类学、经济学甚至心理学的范畴，成为建筑师所无法了解也没有足够时间去了解的设计"bug"。信息社会带来了高效的生产速度，也催生了高效的设计速度，越来越短的设计周期不允许建筑师深入相关的社会学、经济学、人类学和心理学的范畴。建筑师们没有时间对其所设计的建筑物的使用者在使用该建筑物之前和之后的生活模式进行动态的研究，但是却要在设计之前预测使用者生活方式会如何变化，甚至预测会有何种使用者。要么在有限的时间内压榨出更多的时间来获取更多的信息以补足建筑设计依据的缺项，要么在纷繁变幻的信息中依靠所谓建筑师的直觉确定设计的方向。建筑设计师们不得不在繁重的工作压力下长期面临如何把握看不见的时代脉搏的这种并不科学的问题。

　　建筑是三维的，建筑设计却是四维甚至更多维的。建筑是时间和空间的容器，这一说法在建筑理论角度是由来已久的。希格弗莱德·吉迪恩（Sigfried Giedion）在 1941 年出版的《空间·时间·建筑》（*Space, Time & Architecture: The Growth of a New Tradition*）提到建筑的时空与恒与变的关系。沈福煦编著的、用于建筑学本科教材的《建筑概论》则专门用一个章节来讲述建筑的时空性问题，并把时空性放在功能性和其他特性之前论述（沈福煦，2006）。刘欣彦、朱晓琳在《建筑技术与设计》上发表文章《建筑与时间》中提到建筑的类生命特征，指出建筑作为人类活动的载体，是类生命的动态系统，应该和生命系统所具有的应激反应一样具有应变性，以应对时间变化所带来的功能、空间、形态和意义的变化，并以幼儿园的设计为例阐述了建筑实践性的研究方法，从这一角度给予了实践性的尝试（刘欣彦等，2009）。诺伯格·舒尔兹（1984）在《存在·空间·建筑》中提到"存在空间是构成人在世界内存在的心理结构之一，建筑空间也可说是它的心理对应"，并指出存在空间应与建筑空间具有一致性。

　　由此可以看出，建筑师们对建筑的研究是基于时间所带来的变化的研究，研究的焦点也集中在由此引起的空间的变化上。但是，当建筑的功能适应无法跟上时间的变化，而建筑的物质生命周期又不能随之而迅速改变的时候，设计的问题就出现了，由中国近几十年住宅的变化可以看出人们对建筑需求的变化是如何迅速。1949 年以前的初期住宅大多是在战乱和小农经济的情况下自发建成的，自发生长型的居住模式很快和之后的现代大机器工业状态发展产生了冲突，住宅的存在方式无法适应急剧变化的城市生活，这些自建生长型住宅由于规划的无序性或主动或被动地沦落为了棚户住区，无力抵挡城镇化巨浪般的冲击，居住其中的人们也和住宅一样变成被技术裹挟的牺牲品，并由此带来一系列的社会问题。20 世纪 80 年代之前所建的住宅，很多是前文提到的 50 年代大规模工业建设中形成的工人新村。近几年的棚户区改造，大多也是这类工人新村，随着时间的变化也成了低洼危地房。还有一些六七十年代在备战的状态下规划建设的有人防工程的城市住区及公建。人口密度的激增，生活私密化使得这几类住宅都进入被淘汰的行列。在之后改建及新建的住宅形式中，"房改"房是主力房源，这一时间段住宅的最大的优点是有了成套有私密空间的住宅，这类住宅户型虽然有相当程度的改善，但是面积依然狭小，限于经济原因，采用砖混合大板结构，空间局促，结构不宜改造，在居者意识到生活中精神需求更为重要之后又一次被归入拆迁行列。办公楼、商场甚至工业厂房也存在同样的问题，旧的建筑只考虑使用者的基本需求，同样基于经济方面的原因，以简单的面积指标作为设计的依据，使得建筑难以满足快速变化的需求，功能迅速老化甚至退化，在物质生命使用周期远未到来之前就被列入拆除行列。

拆迁带来的难以处理的建筑垃圾和严重的全球性的环境问题，以及由此引发的一系列社会问题，设计、环境、能源、卫生、材料等相关行业纷纷对产生这一问题的原因进行了大量的研究和思考。2011 年统计表明中国是世界上每年新建建筑量最大的国家，每年新建面积达 20 亿 m^2，建筑的平均寿命却只能维持 25～30 年。其实在中国许多建筑并不是因为质量问题而拆除，排开商业利益和 GDP 崇拜不谈，更多的问题还出在不理性、不科学、难以持续的城市规划上（图 1-2）。

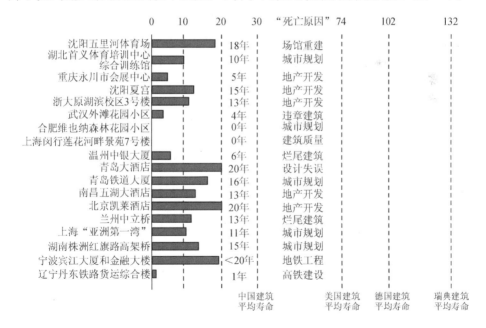

图 1-2　中国部分"短命建筑"及各国建筑平均寿命比较（郑洁，2011）

科技发展的结果越来越快速普遍地应用到建筑设计及建筑实践当中来，建筑师们和施工者一起对新材料新技术投入极大的热情和精力，仍然无法避免建筑愈渐加速的功能性老化，人们意识到快速拆迁带来的难以估量的恶果，也同时期冀建筑的功能及形式可以几十年不过时。这种"不过时"的概念来源于人们对于物质功能老化和生活方式更新的阶段性不匹配带来的恐慌；来源于无论材料如何坚固耐久，功能却似乎越来越难以跟上时代的变化。即便是走在时代最前端的信息科学家也无法预知下一阶段生活会有怎样翻天覆地的变化，倚重成熟技术的建筑业难以在远落后于科学更新速度的建筑生命周期里把握生活方式的变化。设计业也在不断地更新技能和运营模式，功能和时间变化的巨大差距依然存在，建筑界开始重新回到对于本原的追问，建筑设计的问题重心是否需要重新理解？建筑设计的思考角度是否需要重新切入？建筑设计的本原究竟是物质还是精神？

设计方法、设计技术、使用维护三个层面一直存在着建筑的功能周期和物质周期的矛盾，建筑师们也试图在传统建筑设计理念里寻求可以借鉴的以"变化"和如何应对变化为主导的方法理论，将建筑设计实践的应用为研究的对象，探究在资源贫乏的情况下建筑的智慧化发展方向，为解决中国建筑发展中长期存在的"短命建筑"问题摸索一些可能的方向，并在建筑的功能性与物质性之间寻找平衡点，提出"长寿建筑"的智慧化生存理论。中国建筑现象是建筑设计实践的过程的结果，要改变现象，先要研究过程。而设计实践的过程在中期阶段以后并未由于设计企业的市场化而进入有序阶段，相反，设计企业的市场化和整体设计规则的僵化成为现阶段设计现象的始作俑者。设计企业的市场化加快了企业之间的低价恶性竞争，这一竞争的结果是设计周期被自我压缩，设计的内容被不断简化，设计单位之间互相比拼的是谁可以在最短的时间内最快地拼图。虽然可以看到的建筑的数量在不断增长，设计师的困惑也在随着自己设计的建筑数量不断加深。

那么，基于建筑设计实践的视角，问题的核心在哪里？从某种程度上来说，大多数从事或参与过完整设计过程的建筑师都清楚或模糊地知道，建设项目程序的阶段性和不可控性是问题的关键所在，建筑设计过程与快速发展的技术和社会变化不同步的矛盾在于生活方式的加速变化和建筑设计不适应性。但是如何在现有的控制程序下，扩展建筑师在建设项目程序上的控制范围，完善建筑师在建筑项目后期系统维护上的数据收集和处理手段，从而保证在整个建筑物质和功能生命周期过程中建筑师的可控性和有效反馈是问题的关键。扩展建筑设计程序到前期项目系统分析和后期项目系统维护两个方面，并着重对建筑整体设计的全过程进行研究，是建筑发展智慧化的必然方向。建筑设计实践在从计划经济到市场经济转变过程中，在科技、美学、需求的三重的推动下朝向基础更为宽泛，深度更为精细化的方向发展，建立更为人性化、更加理性化的建筑设计理念是近年来的建筑设计及其理论中的广泛议题。20世纪以来建筑设计实践所面临的主要问题是时效性、适应性、可变性、协同性的有效应用和方法缺失。建筑设计的理论核心在于"变",建筑设计的本原是动态变化的过程。静的部分只是为了满足动态的变化的物质载体。

建筑作为人和自然协调的系统，只有具有类有机体的自稳态机制，在整体设计层面具有和人的社会性同步的智慧化运行模式，才有可能跟上时间和人的变化，这就需要进一步分析建筑的设计过程的关键影响因素及其互相作用的结构关系与时间变化的关系。建筑设计实践过程是系统化过程的概念，建立以动态变化的灵活空间为设计本原，静态相对不变的技术实体为载体的设计理念是建筑设计实践的智慧化方向。

1.1 永恒的更新

在中国哲学体系中，物和人是作为自然界中完全对等的实体平衡地存在于宇宙之间的。动物为适应环境而进化出保护色，是为了生存而在漫长的进化过程中变化而来的，挖洞、筑巢、垒窝都是初级的设计形式，这种设计能力本就是为了适应变化而产生的。也就说设计的本原并不仅限于解决最基本的"经济、适用、美观"的问题，而是为了"变化"。设计的目的就是为了适应变化。在这一点上，设计方法是随着人类文化的进化而进化的。建筑为人所用，以实体的形式存在，无论是穴居还是巢居，在其形成之初都是人类为了要更好地适应自然才建立的与自然相协调的一种保护措施，这是建筑出现的目的，也是建筑设计的目标。然而，随着科技的高度发展，建筑设计的科技化程度越来越高，建筑本身逐渐演变成人与自然隔离的屏障，建筑的功能越完善，居住其中的人类就与自然相距越远，建筑甚至脱离最初的目的而仅仅成为人类欲望的一部分。建筑逐渐在高度物质化的同时成为"茧状建筑"，建筑在设计的过程中甚至丢掉了其本质的意义，完全作为建筑师彰显自我的客体而存在，迷失了设计的发展方向。回归建筑设计的本原状态便是问题的核心。

在建筑发展的历史中，建筑的功能从来就不是一成不变的，它随着人口、社会、道德、民俗、历史背景、科技条件的变化而变化，科技越发达，物质条件越容易满足，人对精神追求的变化也就越快，而建筑设计是一种基于成熟技术的过程，建设又需要时间周期，在设计之初建筑的任务书越固定，在使用过程中的功能变化就越多样。一方面，建筑师们围于职业的需求，要在较短时间内满足委托方的要求，在中国由于时间和经济的原因，大多数项目尤其是居住建筑的委托方和使用方是完全分离的，不仅仅是建筑设计师，甚至项目委托方也完全不清楚未来使用者是谁，有何种要求，会以何种方式使用建筑。这就造成大量的盲目建设和使用者接手之后的二次改建及装修以及由此带来重复性的建设投资和巨大的浪费。另一方面建筑师们为了在设计界取得更大的话语权，更多地控制设计的过程，不得不先把追求视觉冲击作为设计的最终目标，过度利用最新的科技手段作为视觉冲击的手段，把高科技作为可以在市场上抢到眼球的杀手锏，生产出大量高科技高物质化而忽视使用者需求的"建筑"，这一类"建筑"被称为科技雕塑或者科技艺术，它彰显了高科技发展的惊人效果，背离实用和功能。事实上，无论是完全满足委托方要求的建筑还是用高科技性作为表现手段的建筑在某种程度上都是一种短期效应，建筑如果不从使用者需求的功能出发，不从整体到细节都彻彻底底地为使用者考虑的话，建筑的功能生命不会长久，永远要面临不断被更新的过程。中国的哲学思辨体系更注重"变"，其设计理论常常在文学、史学、哲学等形式中体现，由于在建筑设计的历史长河中，建筑的制式的变化也是一个由简单到复杂的过程，在这一历史过程中，生产力同建筑实践的相生相成逐渐形成了特有的中国建筑设计现象。

　　这一现象主要体现在以国学评论为主的设计理论派和以官式做法为主的设计实践派。由于等级制度和生产力的原因，这两类人少有重合。比如早期《周礼考工记》里记述的主持营造洛邑的周公旦及其启用的弥牟则是城市规划师和建造师的代表人物，到西汉王莽时期拆除上林苑用其材料建九庙的仇延、杜林是最早的旧建筑利用的建筑师，但都未见有著述留世。朱启钤先生在《哲匠录》里记述的也多为这类建筑师，而为后世所常常引用的关于设计理论的章节则多出自于美学评论甚或是政治思想家，例如记述大量造物作法的《考工记》《天工开物》等均属此类著述。《考工记》为战国时齐人编撰，可认为是最早的"则例"。作为齐国的工艺官书，记载了六门工艺的三十个工种（缺二种）的技术规则，是中国古代科学技术重要文献。书中的《匠人》篇指出，匠人职司城市规划和宫室、宗庙、道路、沟洫等工程，并且记载了有关制度，也有各种尺度比例的规定。《考工记》指出匠人职责有三：一是"建国"，即给都城选择位置，测量方位，确定高程；二是"营国"，即规划都城，设计王宫、明堂、宗庙、道路；三是"为沟洫"即规划井田，设计水利工程、仓库及有关附属建筑。"方九里，旁三门。国中九经九纬，经涂（涂，道路）九轨。左祖右社，面朝后市。市朝一夫"（图1-3为明西安城的城区布局）。根据以上这些描述可见，早期的建筑师是集城市规划师和建设政策制定者为一体的一门专业性技术性较强的职业，在中国建筑早期的体例里，作为匠人的建筑师并不像今天细分为规划师和结构师，而是需要控制宏观规划到建筑细部监造全过程。

　　中国哲学思辨体系中对于设计的理解是不同于西方的，中国人讲究变和动是事物的本原，也是造物的本原。这一点同当今高速发展对于设计"变"的需求是相适应的。梁思成先生对于传统的东方建筑理念在《中国建筑史》中有这样一番论述："不求原物长存之观念""此种见解习惯之深，乃有以下之结果：①满足于木材之沿用，达数千年；顺序发展木造精到之方法，而不深究砖石之代替及应

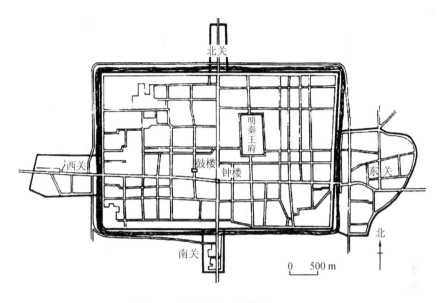

图 1-3　明西安城（张钦楠，2008）

用。②修葺原物之风，远不及重建之盛；历代增修拆建，素不重原物之保存，唯珍其旧址及其创建年代而已"（梁思成，2005）。

　　东方建筑没有追求一种"永久性"，采用木结构的好处就是可以更容易地进行"更新"，所谓的"偷梁换柱"中蕴含了传统东方思维对于"更新"的理解。所以东方建筑的修葺和更新是常见的现象。同时在修葺的过程中对于主结构进行更换以保持建筑整体的与时俱进，基于时间和空间的动态变化是中国建筑设计观的恒常态。

1.2　进化建筑

　　在对于建筑设计实践智慧化的解释上，建筑是作为人和自然的共生体出现的，那么建筑作为人的共生体在人的进化的过程中也同时具有进化的概念，这种进化是伴随着建筑产生而产生的，在建筑师和建造者以及使用者没有分离的原始时代，建筑的进化完全是随着人的需求而演化的，同时作为使用者的建筑师兼建造者对于本身的生理使用需求虽然不是非常明晰完整，这种需求所引发的功能会在出现问题的第一时间反馈到建造者本人，继而生发出调整建筑功能的目标，使之能够满足更进一步的需求。随着人类社会的进步，社会分工的细化，建筑师和建造者以及使用者之间逐步分化成为不同的个体或群体，尤其是在信息大量快速涌入而又不能够及时快速地处理的时代，使用者反馈的滞后，建造者技术的发展，建筑师信息的封闭都会成为导致建筑不合理的多重因素。因此有必要把建筑设计实践的本原模式重新强调，那就是建筑设计的过程是动态的，建筑使用的过程也并非一成不变的，因此建筑设计的实践过程是进化的。

"进化建筑"指随时间变化在功能上可以变化以至进化的建筑，本书主要讨论建筑设计实践方法的进化以及如何避免设计实践方法的僵化。当务之急要建立使用者和建筑师及建造者之间的互联和沟通。自21世纪初期已经开始的BIM系统便是一个典型的例子。建筑师同相关科学交叉合作，通过控制学、管理学、系统学以及大数据的方法切入建筑设计实践的过程，把建筑设计实践当做一个变化的动态的复杂系统来进行研究，都是为了加强建筑在设计和使用过程中和使用者之间的动态联系，让建筑功能的动态变化更紧密地跟随使用者的动态变化。这种动态变化可以初步地切分成三个节点：设计前期的数据处理阶段、设计过程中的反馈调整阶段和设计施工之后的使用数据反馈处理和建筑功能的动态变化阶段。设计前期的数据处理阶段已经有大量的学者在做相关的工作，住宅方面以日本的居住模式调查研究做得比较深入，设计施工之后的使用数据处理也已经取得较大的成果，各个发达国家相继推出的建成环境后评估系统则是这一方面的相关成果。而这些成果在信息社会加速发展的今天也在相关的学科方面取得了长足的进步。例如2015年加州伯克利大学（University of California, Berkeley）同鲍曼咨询（Baumann Consulting）联合设计开发出一种可穿戴的背包，这款背包安装有传感器，可以利用它在穿过建筑的同时测量出几何形状、光源、插座；并创建墙壁红外图像的三维模型，查看建筑的热容量，把数据导入能量模型，为进一步进行节能数据记录、节能改造或节能设计提供准确的建筑数据（Lemmond, 2015）。这些数据给功能生命已经完结而物质生命依然存在的既有建筑提供了准确地改造信息，数据的获取过程也逐渐变得简单易行，从而有效地缩短了设计者和使用者反馈之间的时间和空间距离。这种数据是源自建筑的，更为重要的是源自使用者在使用过程中的数据，这两种数据的有效动态结合才有可能达成建筑设计实践的智慧化。

建筑设计需要在立项和前期阶段进行较长时间的数据调研和分析包括有效的数据支持，近年来大量的建设由于经济和社会方面的原因，使得前期调研周期不断缩短，建筑师们的资料和信息大量建立在网上多重转发的资料之上，没有时间和经费取得第一手确切科学的资料，大多数的资料未经证实，甚至时间和地点被改头换面在新的网页上重新出现，使阅读者们陷入不知来处也不知所踪的大数据疑云之中。同一时间段信息产业的发展并未停止，数据的繁杂程度越来越重，人的生活模式也被推动着产生急剧的变化，精神需求方面的要求也完全不同以前，人们并不会因为物质的满足而变的迟钝了，欲求是无止境的，物质的极大满足也同时昭示着人们会进一步挖掘内心深处的精神需求。这种情况下的建筑设计仅仅依赖简单的规范的固定的数据已经不能解决问题了。因此建筑设计实践过程中的变化就显得尤为重要，在这一阶段的变化应当是注重并顺应人的精神需求的变化的，在使用过程中建筑的可调整部分的内容就使得建筑具有逐渐进化的性质，从这个角度而言，建筑的进化应该由被动的过程转化为主动的过程。

建筑作为人和自然的共生体，主动进化的建筑可以和使用者以及使用者所构成的社会同步进化，在设计实践角度上无疑是令人振奋的。但是建筑的静态特征使得人们对建筑的可变性持怀疑态度，可变的建筑因为有着更多不确定的因素，因此往往在经济上带来更大的耗费或是难以操作的复杂技术问题，而复杂技术问题则会在相对技术层次比较低的建筑施工层面上造成推广上的困难。

在建筑设计程序的规定当中，建筑设计实践操作者的可控范围必须有所延展。信息社会是共享开放的社会，共享带来了需求模式的快速同质化，也为技术的同步协调提供了最大的可能性。在这种前提下，在建设项目的立项之初积极推进建筑师及相关建筑专业的协同参与，建立横向技术联合的项目小组，在某些从事立项报告研究的策划、计划组织等公司或者部门，已经开始不仅限于数字的经济方面的考量，也有同设计公司的横向合作来强化项目立项研究的合理性及将来的可实施性。设计公司在这一步骤中扮演的角色主要是就项目关于建筑规模及标准的部分提供经验性的数据及分析模型，深入的合作可以是，和立项报批部门一起就项目可行与否进行探讨，但是完整的咨询服务公司在我国的资质与制度上仍然还存在较多的问题，比如建筑师设计的阶段性，相关可行性研究报告及项目建议书的咨询工作仍然集中在上世纪的旧有的工作模式中，集中在工厂工艺的可行性研究当中，对于不断涌出的新兴行业、新的项目流程几乎没有科学的数据和系统的方法来论证其在时间上的可行性。我国少有专业大型成熟的调查公司或数据分析公司，可以在短时间内组织相关行业专家提供综合专业意见并对其进行有效的处理。

但是由于数据和互联网的发展，基于人脑无法处理的云数据已经可以通过大型服务器终端实现高速的处理，在云数据处理的情况下，数据和信息已经不是日新月异，而是分秒不同，这种情况下，再依赖一个个体或者有限个体的团队来处理信息（假定信息的准确度无可置疑）并得出科学的预测结论已经成为无法完成的任务。当下的语境是每一个项目几乎都涉及不同的新兴技术，大部分时候是没有经验可谈的新创意；其可能产生的社会影响，对环境保护的后果，建筑规划以及经济投入和产出都难以预计。而现有的项目前期过程更多的是集中在经济投入和产出效益方面，甚至大部分的可行性研究报告是由一个经济师完成的情况。社会学、人类学、环境学家以及其他相关行业的学者顶多是在一两次会议中提供些泛泛的专业意见，这些意见是建立在不到半个小时的对于已经完成的报告的简要浏览上。这样的项目建议书及可行性研究报告作为下一步规划或总图布置的设计任务书，其科学性和可实施性可想而知。仅就建筑界而言，建筑法和建筑行业相关规定对于建筑师服务范围的规定和取费标准决定了建筑师很少参与整个的项目过程。清华大学庄惟敏教授在《建筑策划导论》一书中提到建筑设计前期有建筑师参与的必要性（庄惟敏，2000），近十年来，建筑师的活动范围已经有所扩大，可是依然没有达到在建设程序的过程中参与决策研究的重要程度。

因此，建筑师们不得不在已经拿到项目建议书和可行性研究报告的基础上，重新进行专业的分析。一方面，这个分析过程是无奈的，是前一阶段的信息的模糊性造成的，另一方面，设计体系构成的单一性也决定了建筑设计师分析的片面性；这一分析依然没有社会学、人类学、环境学家以及其他相关行业的学者的参与。但是大数据的发展给各个行业的融合制造了可能性，从这个角度而言，深入的专业化的知识应该比综合性的知识更为有用，因此无论是程序和政策上的考虑，在各专业融和成为完全可能的今天，建筑作为影响人类生活的最重要的产品，其设计方式应该有可能突破固有的程序来运作。这里就推出一个问题，在当前建筑设计的前期过程中，更多的是涉及民族、宗教、地域、文化等等与人文背景相关的动态因素，动态因素的数据处理又是一个新的问题。顾基发、唐锡晋在《物理-事理-人理系统方法论》里将这种因素的干扰称为"人理"，即不同于物理而存在的人理（顾基发等，2006）。关于人理（motivation）的概念，最早是由钱学森先生建议的。在建筑项目设计实践的过程当中，尤其是现有体系和制度规定的条件下，建筑的立项、批复、修改到定案都需要各级人员的介入，这种情况下加入"人理"的影响因素就成为必然。那么在设计的过程中如何把握人理、明白事理、通晓物理就成为设计成败的关键。而这种静态因素和动态因素同时影响设计的发展方向的过程正是系统的过程，因此有必要把建筑设计实践的过程当做完整的系统来进行研究。那么就涉及系统的良性循环发展的过程，前面已经提到，应当扩展建筑设计的过程从设计立项到施工后维护以及建筑物质生命的完结。在这个完整的建筑生命周期里，研究者们已经就各个部分进行了大量的实证和理论研究。其中建筑后评估系统是近年来发展比较成熟的阶段，并在各个国家取得了政策性的结果。

所以，建筑设计实践过程基于建成后评估的研究，在节能或绿色的议题方向，已经取得了一定的成果，并且也形成了一系列的作为法律法规的评价体系，这些评价体系和方法都是为了检验建成后建筑的各项可转化量化数据指标的静态因素是否吻合设计的要求，并进行有效的反馈，同时对有可能发生的误差采取相应的技术措施。当然，设计者和使用者都希望在设计之初就避免误区的出现，这样不仅可以减少有可能发生的错误或误差，也可以避免重复的浪费。但是由于设计中的"人理"因素在现阶段的中国仍然占据很大的比重，设计前期的不可控因素成为建筑设计实践过程中必须需要考虑的一个重要因素。从大的全球化角度考虑，在建设及规划之初就将整个建设过程作为地球环境或宇宙环境的统一体的有机的组成部分或者新的共生体考虑，建筑或者建筑群落是和整个生态环境同步适应和进化的，在建筑全生命周期的时间段内本身及其产生的废弃物都是环境整体系统可以消化分解再利用或者再循环的一部分，建筑作为链接人类和自然的生物链的必不可缺的一环，生长、消失并体现其作为系统重要一环的存在价值，不仅不应当成为破坏环境的罪魁祸首，反之应在环境的进化中起到积极的作用。近年来在欧洲国家，已经有学者提出"蓝色建筑"的概念来替代"绿色建筑"，蓝色建筑是指比零能耗更进一步的负能耗建筑的概念。因此重新提出并贯彻具有智慧化演进方式的建筑设计理念，也许才是建筑设计实践发展的未来方向。

1.3　智慧化的建筑设计实践

建筑的智慧化则进一步表现为建筑具有明确的可表达性、高效的学习性、快速的适应性以及建筑同建筑、建筑同人之间的共生、互联。建筑设计实践必须贯穿建筑的物质生命和功能生命的共同萌芽、生长、成熟、衰老、消解的生命全过程，将各个阶段有效联系为整体，并对各个阶段的变化及时采集反馈，并不断进行多目标优化和修正，从而使建筑从构思到维护直至物质生命周期结束表现出类似有机体的智慧的渐变过程，称为"建筑智慧化"（sapiential architecture）。从建筑设计实践的角度出发，从设计方法的智慧化、设计技术应用的智慧化、设计使用维护的智慧化三个方面来着重阐述建筑设计整体过程的智慧化体系。分析当前建筑界设计理论及思想形成的成因及发展趋势，提出在全球化大背景下的建筑设计作为全球智慧化导向的基本组成结构，建筑本身的自稳态系统及设计的智慧化方法是发展方向。

在这里借用自稳态的概念在建筑的物质生命和功能生命两个方面均有意义。自稳态原本是指生命或正常机体的一种状态，是医学上的一个名词，在医学上是指正常机体主要在神经和体液的调节下，在不断变动的内外环境因素作用下能够维持各器官系统机能和代谢的正常进行，维持内环境的相对的动态稳定性，这就是自稳调节控制下的"自稳态"，或称内环境稳定（homeostasis）。正常机体的血压、心率、体温、代谢强度、腺体分泌，神经系统和免疫功能状态以及内环境中各种有机物质和无机盐类的浓度、体液的 pH 等，往往有赖于两类互相拮抗而又互相协调的自稳调节的影响而被控制在一个狭隘的正常波动范围。这是整个机体的正常生命活动所必不可少的。在各种自稳调节的控制下，正常机体各器官系统的机能和代谢活动互相依赖，互相制约，体现了极为完善的协调关系。由此理解，当某一器官系统的一个部分受到病因的损害作用而发生机能代谢紊乱，自稳态不能维持时，就有可能通过连锁反应而引起本器官系统其他部分或者其他器官系统机能代谢的变化（董承统，1987）。从现代生物学角度看，自稳态是多层次

的，也是多元的，这种多层次包含整体的自稳态，器官组织的自稳态，细胞的自
稳态以及更细微层次的自稳态。从全球化的角度看来，地球的可持续实际上可以
看做一种作为宇宙构成的星球本身的自稳态，而国家、城市、建筑则相当于地球
这个大系统里的组织、器官以及细胞体。那么最基本层次的自稳态会影响到较高
层级的稳态变化。

　　由此看来，建筑的自稳态是基本单元的稳态需求。建筑的自稳态对于使用者
来说就是指在建筑自身和建筑的技术条件的调节下，在不断变动的内外环境因素
的作用下，能够维持使用者所需的温湿度、光环境、声环境及内环境的相对的舒
适性，同时具有相对平衡的动态稳定性。事实上，建筑作为较为复杂的系统，相
关的空间大小、声光热环境之间也具有互相依赖、互相影响，互相制约的协调关
系，而建筑设计的过程则是在这种关系之中寻找最佳平衡点，这也是惯常所说的
建筑设计的主要矛盾和次要矛盾。建筑的主要矛盾和次要矛盾的选择与取舍取决
于建筑的功能及功能的变化方向。功能与功能的变化方向则取决于建筑的全生命
周期的影响因素。建筑作为全球化大环境的人与自然之间的最基本单元，要实现
单元的自稳态必须有智慧化的动态变化及反馈、调整的过程，这一过程贯穿建筑
的整个全生命周期。并通过这种维持自稳态的平衡已达到更大环境范围内的平
衡。当然，更大层次的稳态并不是简单的累加，而是和基本单元的自稳态以及单
元和单元之间的互动有密切的关系。无数个单独自洽的建筑自稳态系统并不能保
证整个城市系统的良性循环，但是一个有着巨大能耗的建筑一定是需要更多负能
耗的设计来达到相应的平衡。

　　建筑设计实践的智慧化过程则包含上文所定义的建筑设计的全生命周期的动
态变化过程，即建筑的物质生命和功能生命同时从萌芽、生长、发展、成熟、老
化到消亡并融入自然的整个过程。在这个过程中建筑的自稳态也包含了多层次、
多元化的内容。这些层次正是需要研究的对象。比如建筑各个子系统的自稳态、
设备总系统的自稳态、结构系统的自稳态、建筑空间使用的自稳态以及由此构成
的整体建筑的自稳态。建筑的周边环境、区域环境、城市环境、到全球化环境的
自稳态都会受到最小层次的稳态影响。层次的设定相当于对于建筑设计这个系统
的元素和机理分析，层次之间的相互关系相当于元素之间的相互影响及其机理
构成。

　　建筑设计的智慧化贯穿整个建筑全生命周期的智慧化过程，主要包括以下五
个阶段：

　　(1) 首先必须从根源入手，在建筑设计萌芽阶段，解决建筑设计过程中有关
"事理"的部分，主要解决建筑设计全程服务的范围界定以及在项目中的实际问
题的反馈，并在项目建议书中相关章节明确表达；

　　(2) 在建筑设计生长阶段以多重方案比较的方式解决"人理"对于建筑设计

的发展所造成的影响，改善相关程序的交接和空白问题，并在方案设计文件的过程中以开放的方式进行反馈和及时的修正；

（3）在建筑设计发展阶段细化相关元素、层次、机理以及这三者之间的横向关系，解决并控制"物理"因素对于建筑设计从方案到施工图完成过程中的影响，搜集并整理使用者反馈的问题，并将之转化为"物理"因素；

（4）在建筑设计成熟阶段通过施工图文件控制"事理""物理"和"人理"三方因素的影响及权重，通过设计师、建造者和使用者的配合解决建筑建造过程中的建筑设计方向机完成度等问题；

（5）在建筑功能生命的变化或老化阶段对建筑的物质因素进行整理和调整，在有效地维护建筑物质生命的过程中维持建筑的自稳态，并延续建筑设计智慧化的过程。

以上问题的解决是一项长期的过程，涉及政策、规范、设计程序及维护权限等问题。本书由于时间及篇幅所限，只就建筑设计的智慧化过程提出方向性框架，并就基于中国传统哲学思辨体系的建筑设计理论进行梳理，提出"动为本原，静为载体"的智慧化设计观，为进一步的研究提供框架支持和理论方向。

1.3.1　动态变化的过程

近代科学发展以来，过多地使用分解、线形、还原将复杂问题简单化，因此综合、非线性、复杂开放体系的提出就是基于这种不足产生的。所谓线性，从数学上来讲，是指方程的解满足线性叠加原理。即方程任意两个解的线性叠加仍然是方程的一个解。线性意味着系统的简单性，但自然现象就其本质来说，都是复杂的非线性的。所幸的是，自然界中的许多现象都可以在一定程度上近似为线性。传统的物理学和自然科学就是为各种现象建立线性模型，并取得了巨大的成功。但随着人类对自然界中各种复杂现象的深入研究，越来越多的非线性现象开始进入人类的视野。非线性是指两个变数间的关系，是不成简单比例（即线性）关系的。建筑设计的过程是线性的还是非线性的似乎一直没有一个标准或者定义，就建筑设计的工程性质而言，过程中的线性成分占据比较主要的地位，这一现象也正是我国一部分建筑师所从事的工作方式，市场化的细分带来了建筑设计的进一步分类，方案设计师从建筑施工图设计师当中分离出来，甚至在方案设计师当中又分离出概念方案设计师和创意设计师，阶段的分离固然带来了创意的多样化，同时也带来了更多的衔接问题。建筑不是简单的纯艺术或者视觉艺术品，建筑的特征主要体现在其功能上，功能所依据的因素既有物质的也有精神的。某一方面的不能满足则会造成建筑的功能不完善甚至功能生命的终止，继而带来拆除或废弃，造成巨大的浪费。

施工图的电脑化一方面加速了建筑的从设计图纸到建造的过程，另一方面却压缩了设计的过程，甚至把建筑设计变成生产的过程，类型化建筑渐趋成为流水线的产品。不可否认，在共性比较强的类型建筑中是存在流水线生产的可能性，流水线和标准化的生产也可以避免巨大的经济浪费和时间成本，但是仅只考虑建筑的地域特征和人文特征这两项基本影响因子，就已经体现出建筑单体的独特性和唯一性了。因此，更多的建筑师致力于研究基于建筑的特殊性的设计方法。这就需要引入更多对于动态变量的取舍和考量。而这种动态变量的设计方法也与传统的设计观念不谋而合。事实上西方建筑设计理论在发展的过程中也一直试图寻找更有效地应对变化的哲学理论，后文提到的加州大学伯克利分校的提出"身体觉知设计"的诺兰教授就倾向于人是动态变化的，因此家具、建筑、室外环境设计也应是动态变化的这一具有东方意识的设计理念。

在建筑设计实践界，很早就有人提出非线性设计的概念，这里的非线性设计，不仅仅指扎哈·哈迪德等前卫建筑师的参数化表皮设计方法，还包括一种不同于之前的简单集合体或者单一团队线性设计理念的开放性设计理念，开放性设计建立在更为复杂的团队合作方式、更大范围的设计协同方式上。除了前文提到的 BIM 建筑设计管理系统之外，还有一些公司致力于开发可以让建筑设计师和使用者可以进行虚拟交流的互动软件。比如由美国 Unity Technologies 公司所开发的 Unity 3D 是一个用于创建诸如三维视频游戏、建筑可视化、实时三维动画等类型互动内容的综合型创作工具。建筑师们也开始使用 Unity 3D 通过将已有的建筑模型导入制作成为可以互动并及时编辑的建筑模拟产品。即时互动的应用程序基于建筑设计的动态变化过程所开发的。可以让使用者在三维虚拟的条件下在建筑中行走，较之当前使用的三维模拟的建筑模型增加了视觉模拟和动态感受的功能。这一软件平台的开发正是基于开放共享的互动模式，强调设计是动态变化并且随时调整的过程这一概念所提出的。

这一软件的使用者，专门制作仿真互动的 NVYVE 公司，首席设计总监 Adam Simonar 表示："大多数的建筑设计公司仍然无法给予客户一个身临其境的体验感觉，而这种互动式的 3D 可以让设计师们创造出一个完整的模拟环境，可以让客户在房子还没盖好之前就可以在未来的家中走来走去，甚至可以体验到当早晨的阳光从窗户里透进来的感觉。"这种基于客户及时反馈的设计方式已经比前文所述的"数据背包"的功能更进一步拉近了设计师和用户的沟通距离。也同时在设计的过程中加入了用户的反馈，增加了建筑设计实践的维度和层次。

Zahner 是一个以创新闻名的工程顾问公司，几十年来已经培养了许多知名的建筑师，如以造型怪异著名的当代建筑师弗兰克·盖里（Frank Gehry）以及在中国颇有市场的建筑师雷姆·库哈斯（Rem Koolhaas）。Zahner 的创意总监 Tax Jernigan 表示："在几年前，我们开始聘请程序设计师，因为我们意识到如果我们可以创造一个能够更好表达现有的设计技术效果的使用界面，就可以使建筑师和客户之间的沟通更有效、更透明、更方便。"同时 Zahner 在自己公司总部的大型金属墙上也运用了这一体系，称为"云墙"（cloud wall），并把数据放在互联网上以随时接受使用者的反馈并调整设计。

Zahner 还采用 Unity 3D 制作了名为 ShopFloor 的针对设计师和使用者的网上平台软件，客户可以直接在网页上建立自己的建筑设计方案，并且进一步计算整个设计、制造和运输的费用。更为重要的是，当客户更改设计内容的时候成本计算也是及时更新的。这使得整个的设计过程以及材料消耗和建造成本面对客户都是直接透明的，不再需要传统的报价过程。对于 Unity 3D 的使用在保护软件安全和改善灵活度的基础上提高了公司的开发效率，迄今为止，已经有超过1000 家的公司注册了 ShopFloor 的测试，大多都是建筑师，也有建造商和客户，这个平台提供了建筑师、建造商和客户三方及时沟通的可能性。

由此可见，设计方法的突破和创新在日新月异的迫切需求下开始浮出水面。同时对于建筑设计的沟通和及时的反馈也由传统的文件来往的方式进化到信息互动的方式，这种信息的互动建立在庞大的数据处理能力之上，建立在不间断地动态变化和螺旋形正确指向的修正能力之上。从这个角度而言，西方的哲学体系在其研究过程当中也开始借鉴东方哲学体系中关于模糊控制的理论，并通过融合的方式使之更具科学性和逻辑性，而这种兼具科学性逻辑性的非线性模糊控制方法也正同建筑设计师在设计过程中努力想要遵循的设计理念不谋而合。

建筑设计实践的过程化特征非常明显，相关过程的层次较多，层次之间的维度也较为复杂，因此从系统学角度而言，建筑设计实践具有系统化研究的基本特征，系统论里有一种物理学家称之为耗散结构的存在方式。耗散系统（dissipative system）是指一个远离热力学平衡状态的开放系统，此系统和外环境交换能量、物质。建筑物的能量交换和与环境之间的关系有些类似耗散结构。耗散结构（dissipative structure）是指一个耗散系统由于不断和外环境交换能量、物质和熵而能继续维持平衡的结构，对这种结构的研究，解释了自然界许多以前无法解释的现象。耗散结构一词由比利时物理学家、化学家伊里亚·普里高津提出。普里高津创立了耗散结构理论，即研究一个系统 从混沌无序向有序转化的机理 、条件和规律的科学，他为此曾获 1977 年诺贝尔化学奖。耗散结构的特点是自发生的对称性破缺（各向异性）以及复杂，甚至混沌的结构。普里高津考虑的耗散结构有其动态的机制，因此可以视为热力学上的稳态，有时也可以用适当的非平衡热力学中的极值定理来描述（Nicolis, et al., 1977）。

以前的物理理论认为，只有能量最低时，系统最稳定，否则系统将消耗能量，产生熵，而使系统不稳定。耗散结构理论认为在高能量的情况下，开放系统也可以维持稳定。例如，生物体，按照热力学定律，是一种极不稳定的结构，不断地产生熵而应自行解体，但实际是反而能不断自我完善。其实生物体是一种开放结构，不断从环境中吸收能量和物质，而向环境放出熵，因而能以影响环境的方式保持自身系统的稳定。城市也是一种耗散结构，建筑也是一种耗散结构。

牛顿的万有引力描述一个无始无终按规律运行的美好世界，而热力学第二定律描述的是一切终将走向灭亡的热寂，相较之下，耗散结构描述在一个远离平衡态的开放系统中"生"的机制，但存在一个提供能量、物质和熵的外环境是其先决假定条件。熵值在系统理论里通俗地说是指系统中物质和能量降至惰性均匀状态的一种假设性趋势，系统或社会不可避免的无法逆转的恶化或败坏或者说系统的混乱程度，系统的平衡取决于其熵值。广义的耗散结构可以泛指一系列远离平衡状态的开放系统，它们可以是力学的、物理的、化学的、生物学的系统，也可以是社会的经济系统。远离平衡态的开放系统，通过与外界交换物质和能量，可能在一定的条件下形成一种新的稳定的有序结构。

作为耗散结构理论的创建者，普利高津在 1979 年曾说过："我们正向新的综合前进，向新的自然主义前进。这个新的自然主义将把西方传统连同他对实验的强调和定量的表述，统一自发组织世界的观点为中心的中国传统结合起来。"1986 年他又在《探索复杂性》一书中论述："中国文化具有一种远非消极的和谐，这种整体的和谐是对抗过程间的复杂平衡造成的。"

《周礼考工记》里记述的主持营造洛邑的周公旦同时也是历史上认为的《周易》的作者，而《周易》在西方是作为方法论的研究资料的。作为西方方法论的鼻祖，亚里士多德同老子一样，也和《周易》中有相同的论点，强调整体大于部分，但西方研究主要还是集中在具体问题的分析研究上。在这一点上协同学的创建者，德国物理学家哈肯认为，中医的整体性思维在对于人体的研究方面是优于西医的。协同学是研究协同系统从无序到有序的演化规律的新兴综合性学科。协同系统则是指由许多子系统组成的、能以自组织方式形成宏观的空间、时间或功能有序结构的开放系统。协同学研究协同系统在外参量的驱动下和在子系统之间的相互作用下，以自组织的方式在宏观尺度上形成空间、时间或功能有序结构的条件、特点及其演化规律。协同系统的状态由一组状态参量来描述。这些状态参量随时间变化的快慢程度是不相同的。当系统逐渐接近于发生显著质变的临界点时，变化慢的状态参量的数目就会越来越少，有时甚至只有一个或少数几个（赫尔曼·哈肯，2005）。

这些为数不多的慢变化量就完全确定了系统的宏观行为并表征系统的有序化程度，故称序参量。那些为数众多的变化快的状态参量就由序参量支配，并可渐渐地将他们消去。这一结论称为支配原理，它是协同学的基本原理。序参量随时间变化所遵从的非线性方程称为序参量的演化方程，是协同学的基本方程。

中国历史上的工程有许多和协同学相关的例子，其中极具代表性的则是历经八年的由当时的秦蜀郡太守李冰主持修建的都江堰，都江堰不仅在修建的过程中综合工程、环境、规划、水利方面的知识，同时在使用的过程中也考虑了在时间变化过程中的各种问题及其解决方法。都江堰在历史发展中的有效维护和管理制度保证了整个工程历经两千多年依然能够发挥重要作用。都江堰水利工程以三大工程组成了一个完整的大系统。并且在两千多年运行中，充分发挥工程潜能，考虑到"事理""物理""人理"可能带来的各种变化，并将这种变化控制并反应在工程修建、维修、管理和发展的全过程，是作为系统控制的有效协同的成功案例。

在应对时间的变化方面，都江堰的管理过程也值得研究，都江堰到汉灵帝时设置"都水掾"和"都水长"负责维护堰首工程；蜀汉时，诸葛亮设堰官，并"征丁千二百人主护"（《水经注·江水》）。此后各朝，以堰首所在地的县令为主管。到宋朝时，制定了施行至今的"岁修制度"。这种"岁修制度"同现在日本对古建筑保护所采取的定期更新的理念有类似之处。由此可见中国建筑及工程的设计理念一直是以"变化"为第一考虑要素的。在时间和空间的变化上都充分体现了整体性和复杂性的思想。

当然，中国历史上也有记载的实践和理论相结合的规划师和建造师，能够见诸文字的应当是周公旦和计成。周公旦严格意义上讲是负责规划统筹的官方督造师，他的才华表现在诸多方面，更多工作应该是属于现代意义的项目总负责。计成的《园冶》则更偏重实际作法，少有理论，这种通过图例来描述实践做法的建筑图文本在宋李诫的《营造法式》里表现尤为突出（李诫，2006）。这种建筑实践的叙述习惯表明中国建筑实践理论并不是行诸于文字。成体系的建筑理论更多的是从哲学和美学角度出发，从人本位的角度来论述的，如何把实践技术和人文理论，在建筑学的角度相互融合，使之更加容易修习、理解和传承是一个长期的问题。中国建筑行业对于"术业有专攻"的强调和重视是一直以来的传统，早期则更偏重于建筑是专业性较强的手工匠艺，但这也是造成了传统建筑从设计到监造以及建造都难以传承的原因。这同当下追求高度物质化社会中建筑行业要求通才的趋势完全不同，纵观历史的发展，往往是对于"专才"的尊重和重视的时代才有大量优秀的设计理论及作品出现，再深入地说，科技发展是以机械代替动物运动为划时代的界限的，工业时代之后，精神追求更新的速度远远超出物质更新的速度，速度的差异对于设计界产生的影响是巨大的。在以动物的生理运动为时间和变化的界定空间里，一到两个专才就可以控制大型项目的进度和方向，而当这种速度差发生质的变化时，个体的通才或者有限数量的专才都无法快速掌握高速变化所引起的项目节点的变化，信息行业提出"云计算"的概念，就是为了应对庞大的超出人力可以把握的信息量的处理。

在物质追求已经不是人类基本追求的时代里，作为要同时满足使用者甚至观者、参与者物质和精神追求的建筑设计行业，建筑设计这一专业所需涉及的专业种类愈来愈多，范围愈来愈广，新的功能层出不穷，设计方法愈来愈难以掌握的时候，建筑师仍然被寄予了过高的期望值，被要求整理各方需求，以大数据计算的方式成为解决复杂综合问题的"通才"。显而易见，单一的建筑师或者传统的建筑设计单位都难以满足这种复杂的要求，在某一个无法解决的问题出现后，就滋生一个新的行业，策划、监理、甲方建筑师等，而这些行业由于是在设计实践的过程中被市场催生出来的，大多数从事这一行业的人都没有系统的专业培训，或者专业培训是在实践的过程速成的，分离的结果是建筑设计实践过程被细分了，有更多的人有更多的精力来研究某一阶段性的实践；但是还是由于信息变化的速度在不断加速，今天的经验到明天就已经过时，不适用了。快速过时的信息加上专业阶段分剥造成的缺乏沟通，使每一阶段都产生了更多的黑洞。

偏重口号式、概念式的策划理念在急于占领市场份额的房地产商那里颇有市场，从口号到概念有着大量的文化、社会、经济背景需要填充；从概念到可执行的设计任务书又存在巨大的技术鸿沟。建筑设计的过程逐渐背离了原始的目标。建筑师和建设者们都发觉只有采用各个专业充分配合才有可能实现在朝向目标的过程中尽可能地保持正确的方向，传统的建筑设计的过程需要重新整理才能满足这种快速的变化。满足这种快速变化的要点之一就是在每一阶段性的过程中也要认识到，建筑设计的过程是整体的系统，系统的特征是整体大于部分之和，所以在把握阶段性目标的时候，应当具备整体的观念。

当科技发展时，社会和环境促使技术快速跟进，基于成熟技术的建筑业在发展新技术新结构的同时，设计流程的墨守成规常常成为项目发展的瓶颈。高产量的设计任务使一线的建筑师和工程师没有足够的时间了解最新的技术和材料，甚至没有足够的时间来开展专业研讨和联合。这种情况下所采用的新技术只是基于厂家的资料数据硬性地插入设计之中，没有全局化的决策控制体系，设计的整体性难以验证，设计的可变性和灵活性也就无从谈起。

近年来技术的快速发展，建筑设计逐渐变得不完整，建筑行业的分工细化使建筑师的可控制的范围越来越小，对于时间所引起的变化更加难以掌握，全生命周期的统筹控制过程偏离较多，精细操作和高完成度也正在成为建筑师们努力追求却难以企及的目标。建筑设计过程表现出来的问题越来越复杂，而更多的研究者们倾向于从当前的传统视野中跳脱出来，建立全新的建筑设计程序和设计理念。这一想法囿于大数据的庞杂，虽然不能在短时间内解决设计界面临的所有问题，但却正是冲破传统设计瓶颈的方法之一，借助于跨学科的研究和实践，系统论、控制论在相关的设计及管理行业都已得到运用，大大改变了设计决策的导向能力。

建筑设计的变革和进步在于设计方法的程序和控制，在于设计在全生命周期可把握的"变"的程度。由此引申的诉求则是，应该从发展的角度考虑，放慢脚步，回归传统，回归尊重人本位的历史传统，从传统的哲学体系挖掘属于我们自己的建筑设计理论，建立在深厚民族思想基础上的理论才有根深枝茂的将来。

1.3.2 动为本原，静为载体

真正为人所使用的建筑，从设计构思阶段到建成后的全生命周期里，不仅仅是要满足使用者的基本需求，更进一步的应当是可以与使用者共生共长，动态变化的，无论这个使用者是人类、动物、植物还是自然界中的任何一种生物。因此，建筑设计的本原一定是随使用者动态变化的，是生物链不可分割的一部分。影响建筑设计过程的因素包括动静两个方面，静的部分，是建筑物中实体存在的部分包括外壳、设备、支撑、构成；动的部分，是建筑物随时间变化而变化的功能，动态因素也可以也分为两个方面，一个是人体对于建筑的物理感觉的体验，比如空间的大小、温湿度、光线等，另一个是指人体对于建筑的精神上的体验，比如放松、紧张、崇高、压抑等等。静态的部分是作为动态部分的需求而必须存在的物质载体，建筑的最终目的还是建立在使用者对于动态因素的衡量上，如果把动态因素放在一边，只考虑静态因素，并且把静态因素的量化当做评价建筑的最终标准，相当于把载体凌驾于本体之上，就完全是本末倒置。因此，作为建筑设计的核心，应当是"动为本原，静为载体。"

"动为本原，静为载体"，是基于中国哲学体系的建筑设计理论的核心表达，基于周易的"当其无，有器之用"的朴素的设计理念，空间及动态变化的部分永远是建筑设计的核心，由于行业的习惯，在设计的过程中却常常不自主地限于静态的规则或规范而迷失了最初的目标。建筑师们更多注重的是如何在不违反规范的前提条件下满足建筑的物质功能要求。建筑师和建设方都清楚地知道时间对于建筑功能的影响是存在的，但是却苦于没有方法来追踪时间对于建筑变化的影响。在从原始社会到信息社会的发展过程中，建筑塑造的始终是空间，随时间变化的空间，空间里的"无"，才是建筑设计的核心，是使用者需要使用的空间。而这里的"无"，不是静止不变的"无"，而是动态的"无"，是变化的"无"，是适应的"无"。**设计的核心是为创造可以动态变化的，不断满足人的变化的生活需求的适应性空间的过程。**因此，对于设计的方法研究应集中在研究影响空间变化的动态因素上。当然，并不是说不再研究静态因素，而是说，对于静态因素的研究应以动态因素为目标。对于衡量设计的标准也应以动态因素作为较大权重。

静的部分是比较容易掌握和量化的，不可否认现有的量化标准也是建立在长期积累的经验数据的基础上的，但是，正如前文所述，信息和数据不但加速了社会生活方式变化的速度，而且使得社会生活方式的变化复杂化、碎片化了，这种复杂和碎片化的程度已经远远超出了人类大脑可以收集和计算的范围，因此被信息专家称之为大数据。在大数据的处理环境下，建筑设计也不再是单一的依靠经

验取值的线性运动，更多的线性和非线性活动交织在一起，多维度的设计推进方式使得当今的建筑师们应接不暇。而人们所依据的大部分标准还停留在十年二十年前，即使是修编，修编的方式也仍然同几十年前没有什么不同。人们在大数据的迷宫里左冲右突、寻找前行的方向，而手里却持着原始的工具。这里的工具不是狭义的工具，而是指整体的设计方法。

举例说来，混凝土的运用历史已经有上千年，从简单的堆砌到现浇混凝土，到钢筋混凝土再到非线性混凝土及可回收再利用的混凝土，材料本身并未发生质的变化，但是运用材料的方式方法却一直在变，建筑师们也正基于这种技术的不断更新进而更新建筑的设计方法。这种变化存在于任何一种材料上，比如木材、砖、钢材等，而这种变化是永恒不变的。因此设计不是在变化中寻找一个固定的方法，而是如何寻找一种可以不断变化的方法来适应信息和数据的巨系统复杂性。这种基于动态设计因素的研究方法就是智慧化的过程。

建筑是伴随着人类社会的发展而发展的，社会的变迁、朝代的更迭，使人类不断地面对上一时代留下的建筑。一些建筑消失了，一些建筑顽强地保留下来。保留下来的建筑的使用方式并不是一成不变的，有一些因为历史原因，有一些因为空间原因，能够得以保留的建筑都经历过多次的功能变迁，同时也经历过不断的修缮和结构性的调整甚至异地重建，即便是异地重建的建筑，某些典型构造和能够唤起时代记忆的材料也会或多或少地存留下来。这些物质的部分承载着建筑年代的记忆，建筑的时间性因为这些能够存留的物质得以保留。建筑中用以构建实体的这一部分物质要素是作为功能的载体而存在。建筑设计是一个较为复杂的过程，建筑功能也会随着人类需求的变化而渐趋复杂。大多数时候，人们是先在需求上形成一个模糊的功能，将这个模糊的功能需求作为设计的目标开始进行设计，又在实践的过程中将功能需求清晰化、逻辑化进一步实体化，给每一个实体赋予空间功能的名称，在现有的构造方法中寻找可以形成实体的方法，通过成熟的技术手段把可以利用的材料搭建成实体。实体的部分也是动态变化的，建筑设计的本原是探究不断变化的动态的功能如何契合不断变化的人的需求的需要，而不是通过强制的静态构建来扭曲人的需求。由此可知"动为本原，静为载体"是建筑设计实践的基本过程。

建筑作为人类活动的场所，构成要素并不只是实体的、物质的、静态的部分，还包括空间的、精神的、动态的部分。前者不仅包括构成建筑本身的物质材料和因素，还包括在建设过程前期、建设过程当中以及建设后维护期间所用到的和所消耗掉的所有物质的材料和能源。后者则相对复杂，当然也可以按照前者的时间节点进行分类，由于动态部分的特征在于变化，而且变化是连续性的不间断的，涉及更多的学科。但是这并不妨碍对建筑构成要素进行分类，以明晰设计过程中何为物理、何为事理、何为人理的部分。物理的部分在建筑施工图的各工种配合的过程中得以解决；事理的部分在建筑方案定案的过程中有建筑师协调各方面条件进行解决；人理的部分贯穿始终，在前期立项时最为重要，建筑师是作为协调投资方、建设方和潜在使用方的统筹角色来出现的。在项目的维护阶段，建筑师有权作为建筑项目的负责人对于建筑的维护、改扩建提出决策性的意见。这种做法避免了前期和使用的脱节，也避免了立项和实施的矛盾。建立有效的建筑师终身负责制是改变当前盲目拆建的基于技术审核的办法。

从使用周期的角度，构成建筑的主体因素主要分为静态因素、动态因素和半动态因素，静态因素有其特殊的物质生命，往往要长于建筑的使用周期，动态因素则是和人的使用方式息息相关的。以欧洲为例，18 世纪以前，从废弃的建筑物和防御工事的遗骸中回收建筑材料用于新的建设是很普遍的现象。中国早期的建筑采用木构架，也采用易于拆卸的构造方式。半动态因素则是基于渐进发展的人文需要在静态因素和动态因素上的体现，比如民居中的院落关系会随着历史、年代、经济、地域的不同而发生的变化。

这一体系的建立主要是基于对建筑设计过程重新界定的过程，或者说对中国建筑设计程序扩大化的过程。建筑设计的过程贯穿建筑的全生命周期，包括功能周期和物质周期，建筑设计的过程是对于影响建筑物质和功能变化的动态因素在设计、建造和使用的过程中进行有效控制的过程。是设计不断优化的过程。

1.3.3 过程的智慧化

无论是哪个时代，越是技术发达，人们在精神层面对于"变"的需求就越强烈。物质化的程度越高，工业化造成的需求同质化，人们逐渐发现，文明最核心的问题在于人类对于个性化的不断追求的无法满足，个性及其所带来的需求的变化成为这个时代最为昂贵的消费，技术和文明成了两条渐行渐远的平行线。现代技术的发展是以把精神和物质严格分离为代价的，从有生命的手臂的运动分离出提升的能力，从飞翔的翅膀分离出机翼的空气动力学。用机械逻辑来描述世界使得技术的发展可以日新月异，由此人们就可以轻易地绕过那些模糊的、不明确的、无法定义的精神世界，于是在设计的过程中，就出现了鼓吹机械逻辑的倾向，设计的评价标准开始倾向于对于"实体"技术的评价，是否采用最新技术，是否达到了国际标准，是否满足某些制定好的数据。这些评价标准在实行的过程中已经使设计成为一种计算过程，为达到某种数据不惜改变设计的任何部分。然而，日益激化的矛盾使人们在物质极大满足的同时，不可避免地要面对最本原的问题，就是个性化的，人本位的精神需求，建筑作为人存在于自然之间的必要空间，无法像简单的机械一样避开精神层面的问题。这就造成了设计和使用者的巨大困惑，即设计的目的是什么？

人们在建筑中获得了最大程度的物质和生理的满足，生命自身的无规律、欲望和对于不可知的未来的恐惧都不断地衍生出更多的不满足。工作的办公空间不只是有一定尺寸和面积大小的数据空间，还要有交流、沟通、传递甚至不定期变化的新鲜感以减缓高速高效的巨大压力。住宅空间也并不仅仅满足吃、住的生理需求，还要有温暖、闲适、放松甚至随着主人年龄、社会地位变化而变化的空间适应性。

这种需求已经在设计的前期以大量的模糊性的叙述词语在任务书里出现，建筑的使用者们提出一些词语，后面总是要加上仅作参考四字；建设者们则把准确描述的希望寄托在新兴的策划行业上，策划则更偏重于把群落需求以广告策略的形式植入使用者的大脑，使之至少在表面上变成一种大众需求。项目的长期运作中，变成了建设者、使用者、策划者的博弈过程，建筑师们成了这一战争的工具和牺牲品。专业态度在整个大战中荡然无存，建筑师捉襟见肘，对于将要生成的产品完全无法控制。丢弃了精神目标的设计必将沦为物质建构的流水线，设计的意义成了大家都想要却都不愿意触及的水晶盒子。

因此，究其本源，设计的意义在于寻找难以界定的动态因素及其变化机理，寻找可以使设计实践过程智慧化的方法，建筑师对于建筑设计过程的可控制性就表现在建筑设计过程的适应性上，适应性是设计智慧化过程集中体现。这一点在第 3 章将有详细的论述。对于建筑设计过程的可变性追求是建筑设计演进的核心所在，是建筑设计的本原，也是建筑设计行业、设计方法研究的核心问题。

在大量拆迁的前提下，建筑进化的概念要建立在贯穿建筑全生命周期的建筑设计实践过程，前文已经提到，"进化建筑"指随时间发展可以进化的建筑。节能或绿色的议题是为了弥补已经发生的错误而采取的技术措施，是不可缺少的手段和建成后评估措施，以此为依据，在设计或城市设计的前期就可以考虑所有评估项在方案中的体现，因为评估项中包括动静两种因素，设计的过程如何"以动带静，以静促动"是项难点。

先从大系统的概念出发，在建设及规划之初就将整个过程作为地球环境或宇宙环境的统一体的有机部分考虑，建成环境是可以适应和进化的，在其物质生命周期的时间段内本身及其产生的废弃物都是环境本原可以消化的一部分，建筑作为生物链的一环不断自适应和更新才有其真正的存在价值，才不会成为破坏环境的罪魁祸首，从这一角度入手，研究可自适应的智慧化的建筑设计理念，才有可能使建筑设计避免落入高度物质化或者科技表皮化的窠臼。

毋庸置疑，建筑设计在发展的过程中一直是以满足人的生理和心理以及更高层次的需要为目标的，但是建筑设计有其不同于其他设计的特殊性。建筑作为艺术和需求的物质载体，设计的过程很容易陷入物质逻辑并把物质实体的科技性作为设计的最终目标。建筑设计虽然有其特殊的多目标性，比如要同时满足功能、形式、经济等的需要，追根究底，设计的本质目标还是基于人的物质和精神的需求，并进一步创造满足多种精神需求的可以利用的空间，空间在满足的生理需求的基础上，同时要满足精神及心理的需求，这一点在社会化程度越高的环境下表现得更为强烈。而精神及心理的需求往往不是固定不变的，是多种因素相互作用，同时又对其他因素产生反作用的变化状态，这也正是建筑单体、建筑群到区域环境所要着重考虑的因素。然而影响设计的构件要素不但庞杂，而且构件要素本身也会发生变化，构件要素同时又会随着时间和条件的变化而变化，以传统的设计模式已无法适应这种快速的变化，"运筹帷幄之中，决胜千里之外"似乎只有通过发达的网络媒体才可以实现。但是针对设计这一具有强烈的地域性和独特性的需求的学科而言，网络的同步操作在现阶段还难以实现。尤其是设计师的个性化设计过程更难以通过无数步骤的图纸传达或语言传达来准确描述。

通过系统的方法来进行分类、跟踪、反馈、整理，是否能给多样变化的建筑设计过程提供有效的决策框架也一直是建筑理论研究者们探索的议题。本书就试图从这一角度出发，分析设计过程当中，主要针对设计决策过程中如何适应、反馈、变化以使建筑以及建筑设计可以具有智慧化的演进模式来满足人作为智慧生物的快速变化的需求。

基于这一层面提出建筑智慧化的概念，建筑智慧化不同于智能建筑，也不同于有机建筑。首先作为建筑智慧化的建筑设计过程是智慧化的，不同于传统的设计方式，设计的过程具有极大的可变性，设计中会通过大量的数据分析在短时间内处理变化的信息，这些信息涉及所要设计建筑的方方面面，设计的过程会延展到建筑的全生命周期中。在建筑的萌芽、生长、成熟、老化、消亡的过程中，也是设计不断对于建筑使用者的反馈进行修正和完善的过程。智慧主要体现在设计和建造直至使用过程的智慧化要素。智慧化要素及表征包括建筑设计过程的构件要素的可适应性，影响构件要素间的结构关系的可发展性，以及构件要素和结构关系组成的空间的高度灵活性。

建筑设计的智慧化过程是基于中国哲学思辨体系提出的，以"动为本原，静为载体"的建筑设计智慧化为体系目标，通过系统的方法来研究建筑全生命周期过程中的静态和动态影响因素在设计实践各阶段的影响及关系，采用整体方法建构建筑设计智慧化的系统框架，对当前快速发展的建筑模式有着积极的意义。作为全球可持续发展系统的基本层次，建筑智慧化主要体现在建筑本身的自稳态过程，进一步表现为建筑在与人类和自然同步中的智慧化特征，即：明确的可表达性、高效的学习性、快速的适应性以及建筑同建筑、建筑同人之间的共生、互联。同时期望在下一步结合实证研究，提取影响建筑设计智慧化的关键因素，并分析因素之间的影响关系。建立初步的概念结构模型。

1.3.4　存在的问题

近年来，我国城市发展建设速度已经令国际瞩目，城市中每年拆除的旧建筑

占新建建筑面积的 40%。欧洲住宅平均寿命约 80 年，我国规定普通建筑结构设计
使用年限为 50 年，近年城市改造过程中拆除的大量建筑使用年限还不到 30 年。都
市核心地带，一些 20 世纪末的住宅小区也面临拆迁。如同人会经历生老病死一
样，建筑从构思、萌芽、规划设计、施工、运行、功能退化、拆除、报废，也会
经历完整的生命周期。随着科技的发展，新材料、新技术的应用，建筑材料越来
越坚固，物质寿命越来越长；科技的发展又使得人们的生活方式加速变化，人们
对建筑的空间灵活度要求愈来愈高，使得建筑的功能寿命越来越短。如果将建筑
的功能寿命作为建筑的生命周期的终点，建筑的更新速度会越来越快，拆除重建
所积累的浪费会呈几何增长，无法消化的建筑垃圾将成为城市的巨大负担。由于
建筑材料、结构、空间等静态元素有着强大的生命力，建筑功能的重生或再生就
成为当今建筑设计研究的重要课题。

　　有人在 21 世纪初就这样统计，"中国至少有一半以上的住房远不能适应今天
的城市发展需要，在未来 15 年后得拆了重建"。学术界人士对此问题产生了大量
的讨论，大量的拆迁和不能适应的建筑以及快速老化的功能究竟是谁之过？一个
国家、一个城市、一栋建筑和人一样也具有幼年到成年的成长期和学习期。如何
在成长期内少走弯路，如何避免选择过程的盲目，不仅仅是政治经济学家们考虑
的问题，也同样是身负社会责任的建筑师们严肃考虑的问题。城市化进程的加
快，为大拆大建提供了社会背景；大拆大建也同时带来新的社会问题和巨大的经
济浪费。那么，从建筑设计的角度对影响建筑组成元素的性质进行分类分析，研
究建筑组成元素的物质寿命和功能寿命的影响结构关系，采取积极的策略和态
度，使建筑在设计之初就采取可以自适应的可变功能，在组成建筑静态因素的物
质生命周期内随着人的生活方式变化而变化，使建筑能以一种智慧化的演变方式
存在，而不是采取盲目的大拆大建的方式来造成反复的破坏。

1.4　展　　望

　　作为一种综合性的理论体系框架，尤其是建筑设计方法论的研究框架，框架
的建立和进一步深入研究对于建筑学和建筑实践应用的意义是长远的。为了建立
适合当今设计方向的设计过程的方法框架，方法学研究只是一个初步的探索，是
一种试图在建立基于中国哲学思辨体系的建筑设计方法论的框架，本书探讨性地
提出建筑设计的动态变化过程应是智慧化的演进过程，并给出简单的层次及影响
结构关系分析。由于条件时间和个人能力的限制，本书希望能起到抛砖引玉的作
用，在探索符合中国特色的建筑设计方法理论上，需要更多的学者关注理论和实
践相结合的方向研究。随着本书所论述的一些交叉学科和新技术的发展，更多深
入和操作性更新的理念将充实这一领域，大量的工作还有待深入。相关展望课题

如下：

(1) 在设计动态框架的基础上建立适合建筑师和建设方使用的人机界面和相关数据信息以及分析系统，提供两者之间可供同步调整的决策任务体系，改进传统设计方式和传统资料来源无法解决的大众审美问题，通过系统分析来判定地理位置、社交使用频率、交通停留或作为标识的强度或频率、视觉冲击力等因素，并把这些数据进行权重值分析，通过大数据的方式建立动态的优化设计方法。

(2) 提供建筑设计和使用方的同步可控界面，使建筑设计决策的语言可以在双方通用，通过第 1 章列举的数据背包或其他形式的传感器，植入建筑材料的芯片来搜集、追踪、调整数据，及时反馈，对建筑的能耗、舒适度、材料的使用年限等物理数据进行即时的数据处理，针对建筑的环境指标对建筑的静态因素进行智慧化调整以达到微环境的平衡，进一步控制建筑的使用情况，适当延长建筑的功能生命。

(3) 上述两者结合的设计方法理论及人机界面，实现三方沟通无阻碍模式。

(4) 在维护和使用阶段，对于变化量比较大的地方采用自适应模式，适时调整建筑的功能空间以应对不同时间段人的使用情况，例如中小学的多功能报告厅，使用频率较低，在报告厅安装可以通过数据控制的水平或垂直结构系统，按照使用者的需求进行调整，输入人员类型和数据，就可以取得调整的方案，避免空间限制的浪费。大型商业空间的都可以通过建筑师的数据库进行动态的走道宽度、厕所位置及数量的配置。

以上课题的深入发展，是促进建筑设计方法实现智慧化的必要途径。随着这一领域研究的不断完善和既有观念的快速更新，建筑设计必将进入一个新的环境，开创更为广阔的未来。

第2章 体系沿革

2.1 现　状

设计方法的探索目标是确定设计过程的有效性和合理性，通过不断地对实践的过程进行分析、反馈总结并进而发展到可以在新的设计过程中有计划地执行之前的合理的步骤。建筑的设计过程有其特殊性，一方面是理性主义与经验主义并存，另一方面是科技依赖与灵感突现同步。因此在建筑设计方法研究的过程中，无可避免地要出现不同的倾向。更多建筑师则主张两者的完美结合。但是如何在结合的过程中不发生目标性的偏差则是设计人员一直在纠结的问题。

建筑设计的方法学主要受到两大哲学学派的影响，以 Husserl 为代表的现象学（phenomenology）派与以 Popper 为代表的实证（positivism）派。张钦楠在《建筑设计方法学》里把建筑从功能角度出发分为掩蔽物、产品、文物三个层次的层级系统，以对应不同的设计方法（张钦楠，1995）。也有建筑师把设计实践中的建筑分为产品、商品和作品，从建筑师参与度的角度来定义项目的性质，同时在设计实践中采用不同的设计侧重点来应对不同的需求。"建筑设计方法，可以简单地定义为建筑师把现实设计问题转化为解决结果过程中所借用的模型和手段的总和"。建筑设计的结果本身是没有高下的，只是所采取的方法是否在有效期内达到了最佳的效果。这就是建筑设计方法学所要研究的设计过程的控制。

由于设计方法学所受的哲学思想的影响和设计方法学所采用的技术手段的不同，设计方法的发展也可以概述为三个阶段：第一阶段包含五种方法即功能论、优化论、离散论、对应论、艺术论；第二阶段包含三种方法即系统论、信息论、控制论；第三阶段现有突变论、智能论和模糊论，还有一些尚未归类的理论诸如协同论、耗散结构论及近年来在建筑设计上流行的基于数字技术的涌现论等（张钦楠，1995）。无论哪一种方法，都是人们为了解决复杂问题而采用的同当前技术相结合的措施。设计的过程也是随着认识逐步由浅入深，常常会因为设计的目标呈现开放型、适应性和变异的过程。在设计实践的过程中，由于建筑是实践性很强的一门学科，许多工程实践是在理论上还不很成熟的情况下开拓起来的，而理论对于实践有个时间差的滞后。科技的发展使得人们可以在虚拟环境下进行试验和总结，大大缩短了理论和实践的时间差距。从传统的解决技术问题的设计方法进入到强调设计程序的层次、条理和逻辑性的新一代的设计方法。传统的设计以经验、规范为依据，新一代的设计需求则强调设计过程的分析、反馈与及时地适应调整，设计不再是一个有明确答案的问题，而是多个趋近于最优答案的设计方法的总和。这种对于设计的方法的改变正是基于人们对于设计产品的更高层次的需求而产生的。

当代西方建筑设计理论研究集中于以下几个方向：

（1）城市建筑学理论研究。城市建筑学是从城市整体出发研究建筑设计的方法。对于城市从系统的角度进行细分，总体规划—详细规划—单体设计构成系统的层次性，而建筑作为构成城市系统的构件要素，其数量、性质及形态应服从城市整体结构需要。Conzen 在 1960 年发表的文章《对阿伦维克古堡的城市形态学分析》（*Alnwick，Northumberland：A Study of Town-Plan Analysis*），是对城市形态学方法论的第一次系统论述。阿尔多·罗西在《城市建筑学》一书中的很多地方提到了"城市形态学"（urban morphology），罗西和 Conzen 都指出城市物质元素是随着时间而变化的，Conzen 把这个变化称为"morphological peri-od"，罗西称之为"dynamic of urban element"。在这一角度，两位学者都明确指出建筑作为城市系统层次的构成部分，所表现出的动态的变化。以系统的观点研究建筑与城市的关系，理清动态的系统层次的变化。这种观念对于西方建筑学理论有长期的影响。

（2）行为环境建筑学理论研究。行为环境建筑学是建筑学与心理学、行为科学的交叉学科，探讨人类行为活动对建筑的需求及建筑环境对人思想、情绪、需求的反作用。其产生于 20 世纪 40 年代末、50 年代初，目的是把握人的行为规律，提高对行为的预见性和控制力。60 年代挪威建筑学教授 Christian Norbergs-chulz 以皮亚杰心理学的理论为基础，研究了"空间"问题，写出了《存在·空间·建筑》一书。在对"空间"问题的论述上比过去前进了一大步，在理论上作出了新贡献。美国加州大学建筑学教授 Christopher Alexander 在 60 年代写出了许多有关论文，其中较新观点如："A City Is Not A Tree"（《城市不是一棵树》）。70 年代他出版了三本著作：《不受时代约束的建筑》《建筑模式语言》《俄勒冈的试验》，在世界上有较大的影响。文丘里的《复杂性与矛盾性》虽然较多的谈到建筑形式问题，但其中许多观点都与心理学有关。

1972 年 3 月，圣路易斯市政府在花费 500 万美元整治无效之后，将已成"不宜居住项目"的 Pruit Igoe 住宅区全部炸毁，建筑师山崎实的心血顷刻间变成了废墟（图 2-1）。美国建筑评论家詹克斯（Charles Jencks）在《后现代主义建筑语言》一书中宣称这一事件是现代建筑死亡的标志。这一说法在他 1983 年的一篇文章中自己承认是一种戏剧性的说法，但是建筑师山崎实所有精心设计的细节，和最后实际的应用也有着戏剧性的反差，两层共用一个电梯口的长楼道，建筑师的目的是为了使邻居们增加沟通，实际却成了犯罪分子抢劫的角落，而通往设计师人文关怀的空中走廊，成了毒品交易碰头的好地方。

图 2-1　美国圣路易斯市 Pruit Igoe 住宅区炸毁（Dubstep Dealer，2014）

　　实际上，如果是山崎实被人诟病的将一切都简化到极致的现代主义风格建筑带给了这个社区被摧毁的命运的话，那么建筑师精心建构的人文设计和犯罪分子们后来的误用之间有何种联系？几乎同期，美国和欧洲的贫民福利公寓都成为当地社会问题最为严重的"犯罪的温床"。其中最为著名的还有美国芝加哥市的 Cabrini-Green，加拿大多伦多市的 St. James Town，爱尔兰都柏林的 Bailymum Flats。建造于 1972 年坐落于伦敦的超级公寓楼罗宾伍德花园，是由 20 世纪英国著名建筑师史密斯夫妇设计的，史密斯夫妇因为这一作品被评论家雷纳班汉姆赋予野兽派的称号。也面临同样被拆除的命运，拆除的理由是戏剧化的，主要是由于它采用了的被在任的文化部长所痛恨的混凝土材料。加州大学伯克利分校建筑学院的教学楼因其在众多的古典主义和 Art-Dec（装饰艺术）风格中采用清水混凝土而显得极其突兀，被所有导引游客的志愿者学生导游无情地称为"伯克利最丑的建筑"。现代主义在抛弃非功能性的元素的过程中并没有在大众审美的上取得扭转性的胜利。

　　因建筑师拉尔夫·厄斯金（Ralph Erskine）的杰作拜克墙而闻名的老拜克社区也同样面临被拆除的危险，这片房产有着 1800 户房屋，共 9500 名住户，被认为是英国战后最好的市建住房群。为了阻挡来自北海的寒风，这里修建了一条 1.5 英里（约 2.4km）的屏障。屏障不仅让社区内形成了自己的小气候，也将主路上的交通噪音挡在了门外。这个设计与彼得·史密森夫妇（Peter and Alison Smithson）为罗宾·伍德花园和伦敦东区房地产设计的高达 10 英尺（约 3m）的隔音墙，十分相似。但是与可能要被拆除的罗宾·伍德花园不同，英国文化遗产保护机构在 2007 年将拜克墙列为二级保护建筑，拯救了可能被拆除的拜克墙。而在英国，尤其是伦敦，居住着上万低收入人群的十多处房地产，都正面临着拆除的命运。人们谴责规划者们拆除那些战后的贫民区，而政治家们发誓未来将不会重蹈覆辙。但拆除贫民窟的渴望似乎是无法阻挡的。今天，拆除和再开发的循环不断上演，与拜克墙同时期的许多地产也都面临拆迁命运。很多居民顽强抵抗，拼尽全力想要留住自己的老房子。但无论是过去还是现在，拆除不但没有放缓脚步，反而愈演愈烈。

普鲁特·伊戈等居住区开发建设的失败表明，单一的功能设计方法并不能解决建筑现象的所有问题。奥斯卡·纽曼等建筑师通过对纽约社区犯罪率与社区环境相关性的分析指出，设计中必须考虑环境对人行为心理的反作用，通过社区内外空间的层次性与连续性加强环境监控，并为人们提供良好的居住环境。波特曼的建筑实践也表明，建筑的环境效益与经济效益是相辅相成的。美国科罗拉多大学丹佛分校建筑与规划学院 Mark Gelernter 教授在他的《市民中心公园的空间句法研究：如何重建一个衰落中的公共空间》利用计算软件对于人数和使用空间的效率进行分析，从而建构更为有效的公共空间 (Gelernter，2009)。

（3）建筑形态学理论研究。形态学产生于古希腊 Morphology 一词，由希腊语形式和科学两个词构成。运用到建筑学是以法国建筑师 Guimard（图 2-2）和西班牙建筑师 Gaudi（图 2-3）为代表。建筑形态学主要研究建筑造型设计的方法及手段，运用心理学、社会学、人体工程学、美学等法则探讨形态发生的本质及规律。程大锦（Frank D. K. Ching）教授强调形式构件要素是建筑师的基本工具，他的《建筑：形式、空间和秩序》从研究基本形态构件要素出发，对相应建筑构件要素作系统研究，从而引出空间与建筑形态设计的规律性。建筑的功能往往取决于社会经济技术条件，对建筑自身空间组合多样性的研究，为建筑师提供了新的设计方法。

图2-2　Hector Guimard 的 Porte Dauphine 地铁出口（资料来源：wikipedia. org）

图 2-3　西班牙米拉公寓（王铁军，2010）

（4）建筑符号学理论研究。建筑符号学原是由符号学研究开始，结合信息论美学，以符号学概念认识建筑，形成新的设计思想方法。人在社会生活中相互交往借助于语言、文字、图像等信息，建筑形象也是信息的载体，作为建筑要更好地为人服务，其信息应被人们乐于接受。建筑符号学认为：建筑形式是否被人们接受和喜爱有两个互为关联的信息因素——约束与刺激，只有前者无后者，使人感到千篇一律，索然无味，只有后者无前者，形象与人们理解认识能力大相径庭，也不易被人们接受，设计成败的关键在于两种因素的优化组合。后现代派一些建筑设计正是这种观念的具体实践者。

（5）生态建筑学理论研究。保护生态环境、节约能源是当代社会人们关注的两大课题，生态建筑学以生态环境出发探讨建筑设计方法，指出人们在改造生存环境的同时必须遵从自然规律，维护生态环境。生态建筑学的研究可分为两个层次：第一为城市总体生态效益的研究，侧重于生态环境的保护；第二为建筑节能措施的研究，以及太阳能建筑、覆土建筑等节能类型的开发。

在此基础上的研究方向可以看出，建筑设计理论的切入点已经延伸到相关的学科，也陆续地加入了新兴的方法论的成果，从城市规划和城市学的角度，系统论和控制论的研究已经有了长足的发展，如唐恢一和陆明的《城市学》就是将城市这样的复杂系统视作一门高阶的、多回路、非线性的反馈结构进行的研究；针对多因素提取的分析方法也在建筑的后评估系统中有所应用（唐恢一等，2008）。朱小雷的《建成环境主观评价方法研究》就是从系统方法的角度，应用"结构-人文"评价体系对建成环境进行研究，提出建立开放性的建筑环境研究技术体系，同时也指出"评价结果无法有效地反映到设计中。评价未能从根本上影响设计质量"（朱小雷，2005）。1992 年台湾提出的智慧型建筑则集中在自动化和建筑的运转管理上，从加强建筑的智能型方面来强调建筑和人的互动、共生（陈政雄，1978）。

现有的建筑设计方法论集中在对各种方法的综合性论述和介绍上，在建筑师行业也开始进行相关的建构学的研究。例如，马进和杨靖的《当代建筑构造的建构解析》，主要对建构理论及工业化建造两者的结合加以系统的比较（马进等，2005）；诸智勇的《建筑设计的材料语言》则从材料分类的角度阐述建构语言，这种目录方式同日本的构造书相类似，主要从建造技术和设计实体角度来进行类型学的研究，为进一步研究建筑设计的关键影响因素提供了坚实的基础（诸智勇，2006）。

20 世纪 70 年代的建筑设计方法哲学则认为建筑设计在不同情况下存在实用设计、意象设计、类比设计、规范设计等不同的方法，这些工具和评价体系对建筑设计的过程都有一定的参考价值，但是，在每一种方法的基础上，研究的对象集中于自然环境或人工环境，或者是人文环境中可量化的数据分析，没有针对建筑设计过程中的关键影响因素及其机理进行深入研究，没有明确各因素在建筑的动态过程中的不同阶段对建筑设计的影响关系与作用强度的变化，可操作性不强，无法直接为建筑师服务。我国的系统方法论已在较为复杂的行业中有了应用基础，顾基发和朱正昌提出的 WSR 方法论成为总体系统干预方法中较新的一种（顾基发等，2006）。国内外就系统控制论的研究方法也在不断发展，但在建筑学科上的应用只限于环境区域分析和城市规划研究方面。

明确建筑设计服务的过程应是从建筑萌芽到消亡的整个过程，对于我国长期以来建筑设计理论的发展及其在设计实践上的应用都有重大的意义。庄惟敏在《建筑策划导论》中已提到，"建设项目在立项和建筑设计开始之前，插入一个建筑策划的阶段，具有重大的理论意义和实践价值"（庄惟敏，2000）。赵红斌在 2010 年的博士论文《典型建筑创作过程模式归纳及改进研究》对建筑设计的过程进行了总结性研究并提出基于系统方法的层次评价研究，建立相应的数据库，试图定量和定性地分析设计的过程。研究者和设计者都认为设计参与的完整性对于设计的合理与否有重大影响，这也是在近年来的设计研究中借助系统科学方法的原因，但是由于制度的沿袭，设计的完整性很难在实践中有所体现。基于先导调研数据的策划少有建筑专业的成分，无论是房地产业还是建设单位在寻找项目建议书和可行性研究报告的科学性时，建筑师很少参与其中的方案评价和比较；另一方面，设计图纸交付使用时，施工配合可以解决一些当前的问题。一旦竣工，建筑师对于所设计建筑的功能缺乏政策性的参与，建筑的后期维护、改建、扩建的程序缺乏科学性。建筑设计实践的阶段性参与是建筑功能变化不可持续的主要原因。

2.1.1　教育

中国现当代建筑教育体系，主要是 20 世纪初留学的建筑学生们从美国宾夕法尼亚大学沿袭下来的教学体系。自 20 世纪初以来，我国历史上的第一代建筑师、建筑教育家和建筑史论家如杨廷宝、陈植、童寯、梁思成等大都毕业于国外诸如宾夕法尼亚大学的美术学院的建筑系及艺术系。宾夕法尼亚大学的建筑学教育始于在英国受过建筑教育的 Benjamin Henry Latrobe，他的费城建筑设计事务所相当于美国第一所建筑学校，而他门下的弟子 William Strickland 于 1871 年扩建了宾夕法尼亚大学的医学院，1829 年又设计建造了位于第 9 街的联邦医学院及医疗建筑，这些建筑成为后来最早的宾夕法尼亚大学校舍，19 世纪 60 年代的许多建筑学课程就是在这些建筑中进行的。该校于 1852 年成立采矿、艺术与工业系，1867 年南北战争以后由 Dr. Charles Stille 提议建立完整的艺术系，1868 年改名科学系，科学系内开设一门"绘画与建筑"的课程。到 20 世纪初，建筑学的专业课程还都是在教授现代科学的院系里设立的。这一点同中国 1980 年代初期各大工程院校设计建筑系的情形有些类似，由于科技的发展仍然是在探索阶段，建筑学科也在美学和科学之间摇摆，这时候的建筑学在传统观念和科技发展的角度上看来是与科学同步的一门学科。建筑学科完整的设置始于 Chandler，他花了近十年的时间为宾夕法尼亚大学建筑学教学模式的最后确立奠定了基础。到这个时候，建筑学的定位还是偏于艺术的（王贵祥，2003）。

王贵祥在他的《建筑学专业早期中国留美生于宾夕法尼亚大学建筑教育》一文中提到是来自巴黎美术学院的管理者 Warren·Laird 进一步强调建筑教育的艺术与技术两个方面。在莱尔德的主张下，建筑学的课程从分析古典柱式转向"建筑的元素与理论"（The Elements and Theory of Architecture）。这时候，影响建筑设计的元素已经被在课程体系上正式提出。这门课经过多年的完善更新，发展至现在的建筑设计研究，相当于我国的建筑设计及理论课程。莱尔德也同时强调学生作为建筑师的人文精神，可以看出早期的建筑教育已经注意到影响建筑设计的构件要素不仅仅只是静态的结构体系以及静态的环境构件要素了。

另一方面，作为德意志制造联盟三大家之一的贝伦斯同时还是一位伟大的教育家，其最大的贡献是为功能主义的发展——包豪斯的功能主义设计培养了最为优秀的领导者。早在 1903 年，杜塞尔多夫就接受穆特修斯的任命担任了当地工艺美术学校的校长。在这四年内，阿道夫·梅耶（Adolf Meyer）就在这里求学，他后来成为沃尔特·格罗彼乌斯（Walter Gropius）主要搭档。贝伦斯于 1907 年到了柏林，在加盟通用电气公司的同时还创办了私人建筑事务所，在这期间又培养了三位对后世影响深远的建筑师和设计师：格罗彼乌斯、密斯·凡·德·罗（Mies Van der Role）和勒·柯布西埃（Le Corbusier），而后来前两人先后成为包豪斯的校长。因此，贝伦斯的想法与设计实践都对包豪斯产生了重要的影响。包豪斯的目标是"为了对抗现代的手工主义和专业化，把所有的形式都综合起来，建立一种适合于新时代的崭新的民众文化"。

在设计理论上，包豪斯提出了"艺术与技术的新统一、设计的目的是人而不是作品、设计必须遵循自然法则来进行"的基本观点，并在以功能至上为特点的功能主义设计领域进行了最为广泛的尝试，也取得了巨大的成功。包豪斯在建筑方面还设计了多处讲求功能、采用新技术和形式简洁的建筑。如德绍的包豪斯校舍、格罗皮乌斯住宅、学校教师住宅和萨默菲尔德别墅等。可以看出这一时期的建筑学教育还是依托技术和艺术的双重力量进行推进。

建筑学科的教育在 20 世纪 90 年代初发生了一些改变，但并未动摇建筑学教育的体系基础，包括评估在内的制度都还是以课程设置和设计作图为重心的。21 世纪，系统论、混沌理论、分形学和新技术新材料的出现，使得人们开始思考旧的教育体制，老一代建筑师接受的建筑教育继承了巴黎美术学院教育为主的体系，虽然加入了现代主义，但还是比较传统，重视基本功和技能训练。而青年一代建筑师受教育的时代正是教育体制转型的时期，教育体系中被注入了新的建筑思想。老一代建筑师是将建筑和艺术结合在一起的，把建筑看成美术或是艺术，强调古典、理性审美观念，追求统一和谐完整的建筑设计。新美学、新科技的不断冲击，开放程度的不断增强使得建筑师不得不采取海量学习态度来更新自己的知识和观念。在建筑实践方面，建筑师致力于追求专业精神，这种精神主要表现在对建筑的基本问题重新思考的基础上，以及如何更好更快地适应科学和人文的发展。一部分前卫建筑师则趋向于把复杂科学理论应用在建筑设计上，同时依靠计算机技术来生成设计。生成的方法和原来的设计方法完全不同，成为一种新的建筑设计方式的探索。

种种现象表明，建筑设计的方式和方法一直在发生着变化。早在 20 世纪 60 年代初，"建筑电讯组"就表示说建筑不是固定的永远持续不变的事物，而是可动的甚至存在于意向和虚构之中。这种对于动态、变化、适应的追求是建筑教育无止境的探索过程。

今天的建筑正趋于一种新理性化、生态化、复杂化的转变中，这种转变源自于非线性科学和后现代哲学的发展。现代建筑大师柯布西耶就曾在他的晚期建筑中开始尝试一种生态结构形态，暗示着一种生态、信息化时代的到来。种种尝试和现象表明建筑学的发展已经进入一个前所未有的更新期，如何在更新期内作出改变以适应建筑设计的发展也是各个建筑教育机构考虑的问题。"现代科学和工业革命打破了早期建筑学与科技的平衡。集中在美学方面的相对稳定的技术发生了剧变，结果是在 19 世纪与 20 世纪之交时，学院培养出来的建筑师被时代远远地抛在了后面，水晶宫便是此事令众多建筑师尴尬的例子中最著名的一个"（刘易斯·芒福德，2009）。

建筑学教育的困惑在于，学生甚至是工作几年的建筑实习生也常常不知道自己究竟是要掌握更多的技能（逻辑）还是获取更多的灵感来源（发散）。建筑的发展是从物质到精神的过程，建筑的教育也有这样一个过程，维特鲁维的《建筑十书》使用大量篇幅详细描述建筑的组成元素，在某些章节也提到了有关宗教的法则，但并没有明确物质需求和精神需求在建筑设计过程中的复杂的并行关系及其权重。之后的教育模式也奉行这一方法，把静态元素和动态元素混为一谈，并行讲解，这种不确定性正是造成建筑教育同实践脱节，同时间脱节的根本原因。

建筑一旦建成投入使用，人们对建筑的体验和感觉总是基于片断和记忆，作为使用者的建筑学学生和建筑教育者们也常常会忽视一栋建筑除表层之外的设备、结构甚至地下室的基础及机房设施。建筑的表象也常常无法被完整地认知，但是作为建筑师，不会因为使用者看不到而不去考虑建筑中隐性的系统。同样，建筑师也不会因为难以描述而不去考虑建筑设计中的"隐性"的因素。建筑学科的教育一直以来都是分解教育，一堂历史课会对某个时期的历史进行详细描述，一堂结构课会使用一两个实例来讨论，范围仅限于这些实例的荷载关系；而这些所有课程的集合，非线性的甚至更为复杂的系统化集合则只能在学习和不断地探索实践中来总结。对学生而言，在学习期间弄懂各门课程的内容及其关系就已经相当困难，而在设计课时常常集中大量地练习表现方法这一类的基本功，没有时间和精力进一步开发适合自己的高效的设计能力。尤其是这种专业能力的范围需要不同学科的相互影响来实现，在现有的教学模式中这是几乎不可能完成的。这就造成了一方面教育同实践接轨的难度，另一方面技术手段的快速更新又为这种综合化的技能增加了更令人眼花缭乱的选择方向。

建筑教育的学科设置开始在许多设计学校发生改变，采用同实践相结合的教育体系使学生在学习期间就可以认识到建筑设计的复杂性、接触真实的项目，同时认识建筑设计中其他工种的影响力。另一种倾向是基于与计算机新技术的结合，在设计手段中加入更多计算机生成技术，利用虚拟的空间环境来模拟概念竞赛所需的现实技术还无法实现的场景。这两种倾向都表明建筑学科教育的适应性也一直存在，学科教育也在物质化和精神化之间摇摆，是强化对于物质实体的技术实践，还是强化对于精神需求的技术表现，一直都是建筑学科教育的问题。

在建筑设计实践不断追随科技发展的步伐的同时，人们对于审美的需求也在不断发生着改变，建筑的教育体系及课程设置都随之发生改变，建筑学科的相关性，可变性是当今建筑教育面临的重大问题，如何在既定的学科体系里纳入动态变化的设计导向，使得教育可以满足学生从学校到毕业这段时间内信息的不断变化，满足学生对于知识的渴求，满足学生想要快速掌握专业技能的欲望以及由此带来的巨大和快速的变化，在某种程度上也会在很长一段时期借由一代又一代的建筑学者的传承影响到建筑设计方法及理论的发展方向。

在建筑学有限时间的教育体系中纳入建筑设计物质和精神同步的系统化过程的概念，明确物质是静态的载体，而精神才是动态的本原，在建筑学科教育里，扩大物质需求的教育范围，缩短课时，达到宽泛而广博，更加深入的内容可以留待实践过程中加强，比如结构、建筑物理、建筑设备、建筑构造等课程。同时加深精神需求的教育范围，比如大量有关对于建筑发展史的分析、有关环境行为学、经济、人文、心理学等的课程。建筑学科的设置可以使学生了解建筑设计是包容的、整体的、协调的、多方向的、适应的、综合性的学科。这种模式可以使学生在渐进的过程中发挥自主能动性，物质和精神需求的归类方法使得建筑设计过程成为基于技术的硬件和基于人文的软件的完整结合，有助于学生同实践的迅速接轨，并在从建筑学学生成长为建筑师的过程中可以有明确的目标。

2.1.2　建设

中国的建筑活动依照前文的分类，可以在初期之前再加上一个萌芽期，也就是前文举例的第一代建筑师的时期。1949 年前后建设的中国大部分城市，除上海等城市的少数街区外，基本是在缓慢的自然经济和长期战乱动荡下自发的建筑活动。这一阶段保留下来的由当时的建筑师精心设计的折中主义风格的建筑不仅具有珍贵的研究价值，还叙述了建筑师在变化的时代对于设计元素如何取舍的过程（图 2-4）。

图 2-4　西安城 1949 年前南大街（伯曼，2007）

第二阶段是前文描述初期阶段陆续建设的房子。在大规模工业建设中，我国建设了一批现在叫"老工业基地"的城市，并在这些工业基地型城市中建起了一批"工人新村"（图 2-5）。目前保障房建设中的"棚户区"改造，主要指的就是这批房子。

图 2-5　西安东窑坊棚户区（成城，2006）

　　第三阶段，中期阶段建的房子。这段时间建的房子是后来"房改房"的主要来源。基本是成套住宅，由于以"脱困"为目标，不仅套型面积小，而且在功能、环境、质量等方面也具有很大缺陷。生活方式的改变使得许多户型已不能满足居住模式的需要。2010 年的住宅建筑设计竞赛对于这一类住宅提出普遍的关注和讨论。这一时期的住房迄今为止有一些还在使用，但是城市的扩大化，城镇化进程的加快，使得一些原本规划的小区由于当时的经济、政策的局限，容积率已不能满足当前城市发展的需求，也面临着被拆迁的命运，由此产生了大量的短命建筑。西安市高新区在 1997 年建成的新开发的住宅小区由于不能满足城市容积率的需求面临被拆迁的命运（图 2-6）。

图 2-6　西安西高新枫叶苑小区（韩杨杨，2010）

第四阶段也是后期阶段,这一时期的住宅在户型上取得了长足的发展,但是由于房地产开发和单位自建住房的需求差异,再一次导致大量的拆迁和重建,造成新一轮的浪费。拆迁和建筑的寿命已经成为媒体和大众热议的话题。不仅仅是住宅,各种类型的建筑甚至教学楼、医院都面临着建设、规划和反复拆迁的命运。2010 年年底的一项民调显示:83.3%的人确认身边存在"短命建筑",其中24.2%的人表示此类建筑"非常多";55.5%的人认为"短命建筑"频现会让公众失去了生活安稳感和归属感。

建筑作为一种在人们心理上应该与科技同步的高速发展的产品,一方面在实际操作中具有很明显的滞后性,尤其在刚性需求居高不下的国内大中城市对于住宅建设的时间周期已很难有科学性的规划,政策的摇摆、房地产业的巨大需求,使得建设方、设计方、使用方甚至管理方都没有足够的时间来分析造成这种快速跟进、快速抛弃的城市变化的根本原因。大的以公顷为单位的区域规划同小型几千平方米的单体建筑的设计时间周期几乎没有什么区别,大量开发的单位规模已经远远超出规划中对于小区人口和户数的限制,但是在规划指标的公共建筑配套上还是停留在组团甚至单体的概念上,进而在后期的建设中造成大量没有合适公建配套的生活不便的空城。国内外参与设计的建筑师在对自身的设计技能上要求愈来愈高。但是普遍面临的问题是,建筑师作为专业设计人员,找不到合适的方式,可以向大众(包括建设者及使用者)来解释自己所提出的设计方案,是有针对性的唯一解,或者当前最适当的解决方法,还是仅只是个人的思想的表达混合建设方私人喜好的类型学的设计风格。设计表述语言的模糊不清,三方沟通不畅是每个项目中不可避免的问题,这一普遍问题存在的原因集中在无论是专业意见还是大众点评,在设计这门新的研究领域里,都缺乏可以有效理解的语言方式和沟通方法。

改建方面的例子,如将上海市在 1999 年开始进行改造的两个项目新天地(图 2-7)和田子坊(图 2-8)进行对比,二者都采用功能置换的方式将新的城市功能试图融合到地域色彩强烈的文化载体之中,但是过程却略有不同。新天地的设计者本杰明·伍德在设计理念中明确指出新天地应被赋予现实的功能,而不仅仅只是展示历史。新天地采用了"一次性"的改造方式,设计者对空间进行了一次性的规划和设计,用一次性拆迁补偿的方式将原住民生活场所替换成中产阶级的消费场所。

田子坊的发展过程类似于第二代设计方法中的代表性方法——公众参与的方法,几乎在整个的改造中都是对话、修正的过程,但是这种不断的修正受经济和社会文化发展的影响,进而会失去平衡,衍生出新的功能载体或者即将朝向未知的功能载体转化(朱晓琳,2010)。这一事例说明设计方法无论采用何种方式,有效的控制和目标明确的适应性应该由专业人员来完成,公众的参与、社会的需求可以作为关键影响因素予以科学的考虑。

图 2-7　上海新天地（http://ziliao.co188.com/d37627723.html）

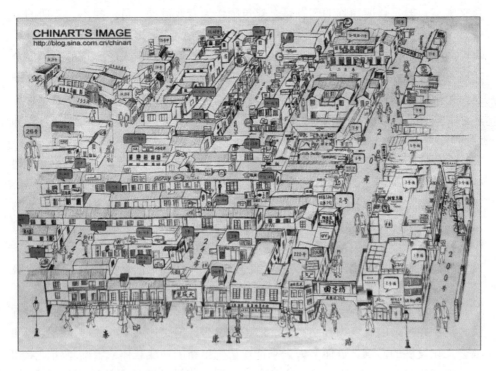

图 2-8　上海田子坊（http://www.likefar.com）

　　建筑设计在高度物质化的过程中，作为负载最庞杂的物质文化的载体，不可避免地要被当做简单的人造物来进行评判。于是设计师趋向于凭借"客观性"和"科学性"的构造与设备来证明自己在设计过程中的逻辑性及可行性。建筑设计实践流于高度物质化，在时间有限的构思过程和无法想象的极短的建设周期下，建筑设计过程所应考虑的社会、政治、经济及人类活动被压缩成为项目建议书或者设计说明中不到百字的一个段落，更多的是未经实践和调查的拷贝粘贴。因此，在设计实践的发展过程中凸现出来的问题是，建筑设计作为工程设计和美学设计的完美契合日渐式微，设计被简单地拆分成工程学与美学两个分支。科技的发展使每一个分支都高端而前沿，但是学科与学科之间的融合变成学科之间的罅隙，难以立足而且没有出路。建筑设计作为融合多门学科的一项工作在科技发展愈快的情形下就愈显现出它的窘迫来。建筑设计理论同设计实践的脱节，设计实践的方法论与建成后的预期使用功能及真实使用功能脱节，建筑设计的造型与功能与使用者的需求的分离。凡此种种，都在建筑设计领域造成了极大的困惑，当人们把静态影响因素当成主要影响因素甚至是唯一影响因素的时候，设计的方向已经无从把握了。追本溯源，设计者给自己拟定的题目从一开始就背离了设计的本原。

2.1.3　设计的程序

　　建筑设计的程序在国内分为前期、方案、初步设计、扩大初步设计和施工图及后期服务阶段（图 2-9）。20 世纪 90 年代以前，建筑设计在大部分地区一直是属于计划经济下的技术行业，国有大中型设计院的任务来源是有明确指定的上级部门，建设单位几乎全部是国有大中型企事业单位，建筑设计目标在项目建议书阶段比较完善，任务书也比较明确，功能在一定时间内几乎没有太大的变化。建设任务量相对较少，可以使建筑师有足够的时间来研究建筑的功能和使用者的要求是否匹配，80 年代末期到 90 年代初期，建筑设计的模式在设计决策前有较长时间的方案确认阶段。90 年代中期，经济运营模式的变化，房地产任务渐渐在大部分由政府或企业投资建设的份额中占有多数的空间，并逐渐加重份额，这种状况推动了设计企业的改革或改制，企业采用合并、专业分离、跨地域建立分院等形式来应对市场的变化。

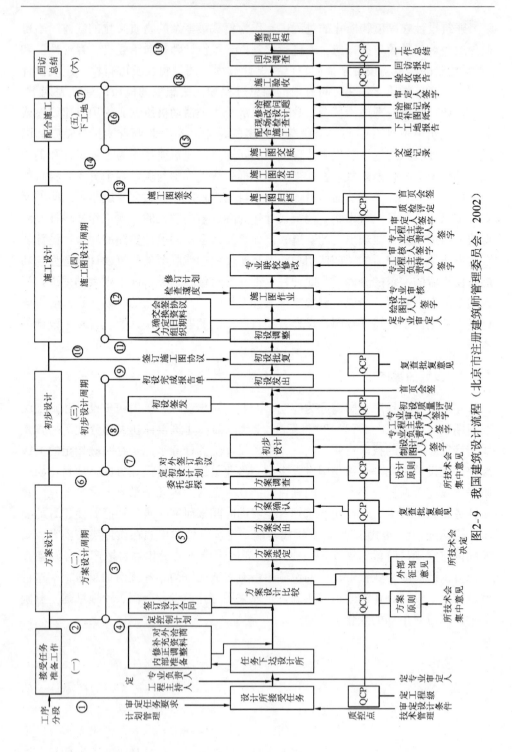

图2-9　我国建筑设计流程（北京市注册建筑师管理委员会，2002）

　　建筑实践由单一的甲方向多甲方转变，建筑设计人员开始面对方方面面的咨询和质问。设计的类型也发生了前所未有的变化，综合的多功能的建筑愈来愈多样化，建筑设计不再是一项线性的任务，多角度思维，跨专业的深度、创新性都在不断更新，建筑师所面对的问题的广度、深度都不同以往。随即而来的实验性建筑及其理论也在不断地刷新这一变化所产生的专业性成果。从手工制图到计算机制图，设计在 20 世纪 90 年代初期进入了革命性的时代。计算机加快了设计的周期，以往需要一年甚至更长时间绘制的图纸现在被压缩至一个月甚至更短，由此带来的问题是，制图的时间被计算机压缩了，思考的时间也被压缩了，调研以及计划的时间消失了，设计师开始习惯于不去询问未来的使用者究竟需求何种类型的空间，他们会如何在建筑中生活，使用者虽然存在，但在建筑师进行设计的时候，使用者被扁平化了，变成建设者或投资商所提供的一张设计任务书，或者少有的几次会谈中的只言片语。大量的预测建立在建设者和设计师在多次方案的讨论中，设计进入读图时代，甚至于投资商带领设计师去看一眼场地，就指望设计师在一周甚至更短的时间内拿出三维的演示图形来，"场地-效果图"模式成了投资商和设计师"相亲""定亲"的短平快模式。设计师被迫在第一次会谈时就回答"什么时候交货？"的本应是最后一个的问题。于是一切都被交给计算机来决策，设计变成了快速的拼贴游戏。计算机所能绘制和表达的数据以及静态构件要素都是定量、定性的概念，而使用者要求的建筑功能中人文、社会、灵感等动态变化的部分却是计算机在绘制过程中所无法直接表达的。

　　随着房地产行业的逐渐成熟，建筑设计在市场化的过程中由前期到施工图的周期愈来愈短，建筑设计在某些企业已经变成流水线生产的过程，设计人员在计算机面前执行来料加工的任务，设计人员依照建筑设计的静态因素被分为门窗、墙身、平面、立面、剖面等的制图程序员，每人执行设计中一段工作。综合性的建筑设计过程就被明确地划分成了线性的阶段。设计公司力图减少设计这一行业里创意的、不可控的内容，力图在管理上把设计这一行业变成可以流水线、大规模生产的行业。但是无论是建筑设计实践者还是使用者都在时代的车轮轰鸣中很快厌倦了同质化的生活空间，互联网抹去了咨讯传播的时间，信息的同步迅速将那种试图把户型和外形从一线城市向二线城市逐次拷贝的工作方法变得一文不值。设计者面对的不是文化、经济积淀下的灵感勃发，而是委托方声嘶力竭的空洞的"愿景"和没有任何依据的无中生有的创意要求。

　　信息全球化和高速化，大力推动了经济及科技的长足发展，发展在社会不同层面的呈现所带来的对于社会理念、人文环境、思想意识的冲击是巨大的。灵活性、适应性、可变性等等的理念在建筑设计的前期和任务书里被列在了鲜明的位置。这一阶段的变化可以概括为功能的适应期。线性的思维模式使得设计可以被明确地划分为静态的模块进行科学的操作，设计制图的规范化过程大大缩短，这是一个可喜的成绩，但是静态模块的操作模式也很容易对设计的整体造成割裂，专业的配合几乎完全变成了经验模式。虽然出现过一段时间把建筑图纸作为外部引用来改善专业之间图纸变化无法同步协调的问题，但是由于专业语言的不统一，外部引用也仅只限于建筑的提资料图纸部分。专业的融合和统筹依然是项目负责人难以负荷的工作量。一些设计单位提出在建筑方案阶段增加由建筑师绘制的管线综合图纸来解决各工种之间的问题，由于建筑实践周期过短，大部分的建筑师无法完成这项综合任务，管线综合只在初期的报批、扩初和总体中有所体现，在施工图里工作量大都无法体现建筑的整体性和经济性，每一种方案的比较在各个专业之间都有所体现，综合的比较要靠最终的概算来进行衡量，而概算也只体现建筑图纸的部分，有关时间变化的维护和运行费用只有靠经验值来估计。目前我国的建筑师设计业务在前期和后期维护都没有规定的任务（表 2-1）。有些建筑事务所提出全程服务的理念，也只是把设计向前提供咨询，向后提供施工配合，在使用者数据和后期维护反馈方面依旧没有太明确的服务内容，这是中国建筑体制有别于国际通行的设计体制的最大差异，这是导致建筑师在技术施工方面技能缺乏的症结之一。

表 2-1　建筑设计阶段工作量分配比较（%）（姜涌，2005）

项目	中国内地	日本	中国香港	新加坡	美国	德国
前期企划及调研	—	5	10	—	—	3
方案设计	20	25	5	20	10	7
初步设计（设计发展）	30	归上阶段	20	15	20	11
行政审批	归上阶段	40	35	10	—	6
施工图设计	50	归上阶段	归上阶段	17.5	40	25
招投标		30	归上阶段	2.5	5	14
现场监理及合同管理		归上阶段	30	30	25	31
竣工及验收	—	归上阶段	归上阶段	5	归上阶段	3

　　整体的需求和细节的矛盾使得建设方、设计方、使用方都意识到设计的核心在于适应这种难以掌控和量化的变化，系统的方法虽然可以解决复杂因素和变量的问题，但是由于在建筑设计专业的应用还存在一些思维方式上的问题，使得建筑设计在面临同样的复杂问题的时候，仍然依赖常规的设计模式，即建筑师或者项目负责团队，大部分时候取决于一两个人的决策能力。这种决策常常是"黑箱设计"，无法重复，也捉摸不定。也有一些研究者作了种种的尝试，清华大学的庄惟敏在 2000 年出版的《建筑策划导论》中提到了关于建筑前期策划的几种系统方法，其中包括 SD 法、数值解析法、多因子变量分析及数据化法等。这些现象都说明在建筑设计的过程中对于决策数据和决策方法的需求。但是关键点还在于数据的来源和可靠性以及如何正确地使用。建筑所涉及的数据过于私人化，同

时数据的分类不同于其他行业，具有复杂性和多变性的特征，这是建筑设计程序中至今仍然无法解决的问题。

2.1.4　云设计

如果把建筑设计实践的过程作为一个完整的系统来进行分析，这个过程中所涉及的静态因素和动态因素是可以利用系统学的方法来进行研究的。静态因素和动态因素的提出，通过系统的分类可以把建筑设计实践过程有效地分为客观的和主观的部分，当然这两部分在整体的过程中不是平行前进的，而是交叉影响的，这也是为什么要把建筑设计实践的过程放在系统学里来研究的原因。

静态因素在物理层面相对比较容易把握，动态因素却更多地反映了使用者和建筑师之间的互动关系，以及建筑设计实践的发展方向。因此，需要更深入地思考动态因素对于建筑设计的影响。虽然动态因素因为其数据多而庞杂且难以归类，但是已经有可以解决动态因素以及其变化机理的科学方法，这种基于动态大数据的计算被信息科学家们称之为云计算。

云的概念有几种，一种是共享、通俗的云资源，大量的数据在服务器端给用户提供数据存储和分发的服务，比如网络硬盘和云硬盘的概念；第二个方面是指计算方式的交叉互动和同时进行的复杂性；第三个方面是指协作的无界限，跨学科、跨地域、跨时间的设计协作。这三个概念同建筑设计实践的过程需求不谋而合。设计需要大量的数据及整理，同时设计过程中各相关层面的交叉互动、结构、材料、设备、环境行为学的无界限协作以及更多跨学科、跨地域、跨时间的设计协作。

云设计是设计界基于云计算的基础提出来的互联网虚拟交互设计方法，由于设计的个性化、特征化，云设计需要更大程度上的包容和共享，更多的跨学科合作以及共享和开放的设计思维。事实上最早的综合设计师达·芬奇本人就是跨学科典型代表，他在艺术和科学方面都达到了同时代的最高点，但是在信息爆炸的现代社会要求单个建筑师掌握某一新型建筑的新工艺新功能并在有限的时间内把它融合到建筑的空间中，并通过实体的方式表现出来的确有很大难度。科学技术越发展，专业化程度越高，个人所获取的知识面不是变宽泛了，而是变狭窄了，但是大数据的时代，人们获取数据也变得越来越容易，跨领域的协作也在互联网的推动下成为可能。相关网络、微信、平台 APP 程序提供了大量可供查找的信息和数据，人们要做的事是如何筛选。

但是建筑设计的概念和项目管理的不同，就像大会堂和集市的概念一样，大会堂里的活动方式有主持人或者负责人在指挥，无论人数多少，大家有一个共同且明确的目标，这目标保证了行动方向的一致性。集市的人数、行为、目标都是没有明确的数据，每个人的行为模式受所见所闻影响，同时又反过来影响其他人的行为，每个人都在自觉和不自觉地动态调整市场化的需求同时也被市场化的过程所调整。建筑设计的实践过程有些类似这种互动的过程，建筑师在其中充当看不见的手，只能虚拟把握设计的方向。数据的多变和集成使得控制变得更加模糊。因此即便较小的项目由于投资额的关系也同样涉及大量的数据，并且数据的类型复杂到难以整理。甲骨文公司于 2015 年 5 月发布了一份关于建筑与大数据的报告，对于大数据和建筑的关系进行了展望。加州大学伯克利分校城市和区域规划系教授 Paul Waddell 建立了称为 Synthicity 的基于城市人口变化、公共交通系统、基础设施等的城市数据系统，为城市规划和建筑设计的数据化以及智慧化提供了平台。

云概念的延伸概念很多是对于建筑设计实践的补充和完善，如云物联方面，物联网的应用度与建筑设计实践有着推动型的影响。物联网通过智能感知、识别技术与云计算广泛应用于互联网各方面。在物联网的高级阶段，必将需要虚拟云计算技术的进一步应用，这种应用给建筑设计实践带来的改变将是巨大的。

而作为服务于人的建筑设计实践，云社交数据的应用是建筑设计不可缺少的一环，云社交所采用的虚拟社交应用，以资源分享作为主要目标，将物联网、云计算和移动互联网相结合，通过其交互作用创造新型社交方式。云社交可以把社会资源进行测试、分类和集成，并向有需求的用户提供相应的服务。

云计算应用于政府规划部门中，为规划部门降低成本提高效率做出贡献。事实上，在规划方面的大数据应用已经取得了一定的进展，如利用 GIS 和人口、交通、产业供求等方面的大数据做规划。在单体建筑行业，特别是建设方，市场需求、户型种类及数量等的核心数据，目前是建立在策划咨询公司去搜集数据、调查研究、分析推理更多主观层面的内容，基于云社交的计算就可以得到相对准确的如城市的各种人口构成、位置流动、收入支出、家庭需求等状况，可以保证选址、规模、户型及数量满足一定时期的需求或变化。区域内或更大范围内的公建配比和配套，如幼儿园、学校、医院、小商铺，加入时间变化的云计算，是可以在一定程度上采用大数据决策。

更大型的如机场车站、酒店商业、文化博览建筑，也同样可以基于城市人口组成、收入消费习惯以及文化教育背景等来进行定位和定额面积规模配置。最传统的数据控制是建筑设计的规范指标，主要包括建筑行业规范，和发改委的经济指标规定。这些指标来自于过去的数据统计，但是这种数据的问题在于它不是云数据，没有动态变化的可能性，或者说动态变化的速度跟不上使用者需求的速度。

建筑设计方面对于动态数据的研究已经取得了一些成果，比如智能芯片的网络化，数据背包的家庭化，以及对于建筑内使用者行为模式的记录数据化等，数据的更新和在设计更新中的反馈都正在研究中。医疗、交通、教育等行业都可以用大数据决策选点、容量控制、服务类型控制，但是在建筑设计的各个阶段如何体现，或者说如何改变现阶段建筑设计的阶段性是关键点。

2.2 传　　承

2.2.1 传统背景下的设计实践

建筑在中国的设计文化与西方设计文化不同，一开始就体现为追求最大程度的人与自然的和谐为目标。

《周礼·考工记》中对于造物艺术有如下的分析："天有时，地有气，材有美，工有巧。合此四者，然后可以为良。材工美巧，然而不良，则不时，不得地气也。"首先讲造物可以具有审美价值的成因，接着反过来讲述建筑形成之后的评价，在设计的时候要尊重大的外在宏观宇宙条件，依据小的微观环境、地域特征，选择最适宜的材料，精心制作，才会有精品出现，即使选材得当、方法精湛，不适应当地的环境，不适应当下的社会，也很难长期存在。早期的传统美学概括了设计和自然陈陈相因变化统一的原则。这一原则在中国哲学思辨体系中尤为明显，在设计美学中也存在着民间美学和官方美学的两条路径，这两条路径并不是完全分离的，在时代变迁的时候还有可能合二为一，也正是这两种不同的路线交织成了复杂的审美体系。

夏商以前的文化艺术表达都是基于长期的实践创造而产生、延续、变化的，主要是因为对于审美的约束条件相对来说比较单纯，在简单的制造过程中，应天而造，因地制宜，材料精工细作造型精美巧夺天工，才能被传之后世。天时的因素随着社会、经济的发展横向展开，地域的因素也因为人们的流徙、搬迁互相交融，影响设计的因素渐趋复杂化，原有的审美体系中的条件难以综合，大众认知的表述语言越来越宽泛模糊，专业审美的表现方式走入曲高和寡的困境，二者之间的沟通渐渐成为审美体系中难以弥合的裂痕。信息更新的加快、全球化的影响，累计成的旧的专业规范和标准在政治、经济、文化乃至生活方式一体化的境况下的滞后，人们一方面寻找着快速跟进的认同感和归属感，另一方面又迫切需要彰显更有创意的个性化表现的方式。

建筑作为造物艺术的顶峰，从本体论的角度分析，包括有三方面的内容，建筑的外在本体、建筑的内在本质以及建筑的本原。外在本体包括建筑的外形以及对周围环境的影响；内在本质则指建筑的空间功能；建筑的本原则是指建筑带给人的精神上的愉悦感。《国语·楚语上》有一段故事讲到楚灵王建章华台，建好之后和他的宰相任举在台上讨论美与不美的问题，任举说："夫美者，上下、内外、远迩皆无害焉，故曰美。"所谓上下、内外、远近并不仅仅指空间、时间上的概念，还包含了社会学的内容，把美的创造同善的发展结合起来，提出高于形式的精神美，以及环境和社会历史的互相影响。在设计史和艺术史上都具有深远的意义。

纵观建筑设计的发展，作为实用造物艺术，中国建筑史中这种思想有着清晰的体现，秦以前追求象天体地，热衷建造体量巨大的大气磅礴的壮美建筑，这种壮美包含了建筑美和自然美的高度融合，表现了人在造物过程中对于在物质载体上极力追求精神完美的高度体验，同时也体现了当时社会发展愿景。汉以后强调民生，励精图治，把继承来的都城规划和宫殿营造都推向了历史的高度（图2-10）。班固在《西都赋》里强调："周以龙兴，秦以虎视，及至大汉受命而都之也。仰悟东井之精，俯协《河图》之灵，天人合应，以发皇明，乃眷西顾，实惟作京。"张衡的《西京赋》中有："惟帝王之神丽，惧尊卑之不殊。虽斯宇之既坦，心犹凭而未搰…思比象于紫微，恨阿房之不可庐。"即对于城市及建筑设计中象天法地的思想描述。

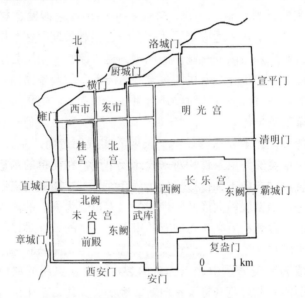

图2-10　汉长安城遗址（赵克理，2008）

建筑是人类通过物质技术手段建造的容纳精神内在的载体。建筑作为精神的载体，在其形成的过程中也存在着理性精神的表达和非理性精神的流露。理性和感性在建筑设计创作中的交织和体现也正是建筑设计者们探讨的根本问题。在建筑设计的过程中如何把握感性和理性的"度"，对于设计的适宜与否作出有效的判断，并进行调整是设计师面临的最大矛盾。

"上古穴居而野处，后世圣人易之以宫室，上栋下宇，以待风雨，盖取大壮。"这里的"待"字则不仅仅是防范风雨之意，也有把作为人的客体通过建筑的形式同自然的风雨联系之意。传统建筑的土木营构方式使建筑可以尽量地保持自然的本色，形式则采取符合自然规律、模仿自然形态、向自然致敬等方式，同时把这种建筑理念总结引申到人工造物的美学法则，进一步到社会构架中的伦理道德，再返回来对建筑的形制产生新的要求和具体的指导方针。

《周易·系辞上》载："在天成象，在地成形，变化见矣。"周易自释指出，象指可以看见但无法触摸的现象，指对于日月星辰及万物生长变化的条件进行模拟或者顺应其变化的规律；形则指可感知的静态的体量，指对于山川草木等自然生成的物质进行器物上的模拟，以便使万物可以在变化中顺应天地的变化而有生、长、壮、老、消亡的过程。人造物包括像和形两个特征，也就是通常所说的物质和精神的特征，继而周易《本义》又对这一说法进行进一步的解释，说象是指和日月星辰相属的内在性格，形是和山川动植相属的外在表象。

物质的存在和发展是有其内在和外在的背景及条件，建筑的生成也会应天时变化而有生、长、壮、老、亡的过程。在《易经》里，象是作为核心的内容提出来，象就是易，易就是象。而和形对应的器则只是承载变化无穷的象的物质载体，《论语》讲"君子不器"也是这个道理，主要是强调作为万物主宰的人不应囿于物质的固态形式，不应限于不变的性格，而应不断成长、变化以达到更高的境界。建筑的属性也具有两方面的特质，作为"器"的物理属性和作为"象"的社会属性，建筑的静态因素属于物理属性的内容，建筑的动态因素则属于社会属性的内容。生活方式长期不变的情况下，动态因素的变化并不明显，建筑以物理属性而存在的功能特征也基本不变，建筑可以作为世代的传承而存在，建筑的传承不仅传承物质，也传承在建筑环境中累世积淀的文化和精神，如果社会的变化突然呈几何增长，这种传承要么被打破，要么被赋予新的功能，建筑的功能设计总是以全新的方式出现。

中国传统的哲学思辨体系历来是以"变"为核心。无论是在状物还是在造境的过程中都集中体现了这一思想。《系辞下》云："是故变化云为：吉事有祥，象事知器，占事知来。"这里描述了"器"形成的三个过程，在形成之前要有明确的精神赋予，在形成之时要有不断的精神追求，在形成之后能顺应实践的变化。设计和创造的过程就是把人的精神追求器物化的过程，物质只是精神的载体，精神才是本原。象事知器的过程就是通过物理属性表达或者传承社会属性的过程。

《周易》载："夫大人者，于天地合其德，与日月合其明，与四时合其序，与鬼神合其吉凶，先天而天弗违，后天而奉天时。"即认为天地的本性是万物之间相互循环，生生不息。而人和人造物也应以顺应天地的本性为出发点和最高追求，易经中最核心的太极图被誉为平面设计的最高典范，美国著名的心理学家鲁道夫·阿恩海姆也对这一图形给予高度的评价，图中所表示动静、相容、循环，形成了无懈可击的动态变化的构图。这一构图不断地被应用到设计当中来，历经千百年而不衰，正是因其高度的动态平衡。平衡不仅表现在物与物，物与事，事与事之间，还表现在更大层次的系统上。建筑设计作为连接人和自然的物质载体，其主要目标是为了在自身系统的平衡状态下和自然保持平衡和持续。这是中国传统建筑作为中国人探索自身与自然关系的典型设计内容的终极目标，中国传统建筑的营造方式、整体布局体现了国人独有的象法宇宙的设计文化意识。建筑尽量地保持自然本色，符合自然规律或模仿自然形态，从自然到人造；再到社会伦理，进一步影响大的规划格局，本身就是一套完整的系统概念。这种发展法则不仅仅是中国传统建筑设计的规律，也是近年来全球化环境会议集中的议题。对于可持续建筑和环境的追求也是对于发展前景的深刻认识和传统思想的回归。

在取得平衡的同时，物、事要和人形成统一、和谐的整体，《墨子·鲁问》中："利于人谓之巧，不利于人谓之拙"就是指制造的器物不能脱离人的需求而存在，设计艺术在追求高科技化的表现和信息冲击的今天，视觉的冲击面临和文明认知冲突对立的潜在危险。在设计中为求达到更深刻的记忆效果不惜滥用与社会道德准则相背离的手段。"水静则明烛须眉，平中准，大匠取法焉"（《庄子·天道》）：以水之静可以鉴人，以水之平，可以为准则；高超的大师会用最简单的方法解决最重大的问题。这是中国哲学中由浅入深，由简及繁的智慧所在。这种观念，正契合"采用最小的能耗以达到最大化的效用"这一目标原则。这一点才是真正的建筑智慧化的方向。

梁思成在《中国建筑与中国的建筑师》中提到，著名建筑师俞皓在设计河南开封的开宝寺塔时先做模型，然后施工，并预计塔身在100年内向西北倾侧，以抵挡当地主要风向，在这一点上体现了中国建筑师对于时间空间及物象变化的充分考虑。

分析近年来在建筑史上出现的有中国传统背景的建筑师的作品也可以约略地说明传承在全球化设计美学的审视下的生存状况。总的来说有传统背景的建筑师分为以下几类：一类是土生土长具有国际影响的中国建筑师，比如普利茨克奖的获得者王澍，他的作品在符号、构型上并未使用明显的传统观念里的中国元素，而采用旧砖、曲折、庭院等材料及空间特征试图唤醒某一代人的审美回忆，从而赢得了国际化的认可。这种传承不是简单地呈现某种记忆力的空间，而是以时间的再现为设计理念的，这也是许多同时代建筑师比如刘家琨、张永和等在材料的选择上注重记忆因素并付诸设计实践的主要原因。

还有一类是有华人血统，但接受西方建筑学教育，活跃在不同国家的建筑师，这类建筑师的实践分为两种，一种是海外华人在不同地域的建筑作品，另一种是海外与中国文化有关的外国建筑师的作品。其中影响最大、时间最长的莫属美籍华裔建筑师贝聿铭，从早期的东海大学校园规划（1956年）、东海大学鲁斯教堂（1963年与陈其宽合作）、达拉斯市政厅、肯尼迪纪念碑和华盛顿国家艺术中心（1978年）等，到后来的巴黎卢浮宫广场（1988年）、北京香山饭店和香港中银大楼（1988 年）等，可以看出贝聿铭的作品在转变中仍保持着一些鲜明的特色，这些特征在纯粹中国大众审美角度也许并不具有太强烈的中国特色，其作品较之上文提到的中国本土建筑师的作品在材料运用上完全不同，对于曲折、庭院的处理手法也完全不同。分析这两种作品的设计过程可以发现，设计过程的掌控程度对于最后建成的作品的外在表象有很大的影响。

现在还活跃在美国加州湾区的美籍华裔建筑师、城市和区域规划师崔悦君（Eugene Tsui）的建筑设计大胆创新，与传统风格迥异，有意冲破现代主义之后传统的四方箱设计思维。这种设计在向自然致敬的同时也极大地冲击了现代主义运动之后的审美习惯。崔悦君首创以研究自然现象和环境作为全面的设计基础，包括发展新建筑材料和方法，开创了"进化建筑学"的先河。

生于 1948 年，在英国剑桥大学取得博士学位的马来西亚建筑师杨经文致力于生物气候建筑的发展，并以生物感应原理进行摩天楼设计，继而发展出新的建筑形式，杨经文针对热带城市建筑生态可持续性的研究和努力成果，真正反映出了当代建筑师对城市类型建筑生态问题的理性思考。他在场所设计和建筑设计中运用的生物气候优先和低能源耗费原则，极大程度地利用了城市环境中的有利因素，并尽可能地减少了建成环境对周边生态要素产生的副作用。这一努力为其所在区域，甚至整个城市环境的协同发展做出了积极的贡献。尽管他的方法和具体的建筑设计原则有特定的地域性，是特别针对当地所处的湿热气候提出的，但是他的建筑可持续性思想却具有普遍的借鉴意义。

传统设计实践的探索不仅仅体现在使用可以引发记忆的材料、非符号化的空间构成以及于对于可持续的重新定义，这种对于传统的探索在全球化背景下的不同呈现也说明了建筑设计实践的地域性是存在的，也在科技和信息的背景下发生着转变，建筑设计实践一方面存在着流水线工厂化制造的可能，另一方面仍然存在大比例的小众化设计的方式。信息化数据化的推动使得小规模化和个性化的设计成为可能，因其个性化的特征，影响力却更加长远。例如，获得大埃及博物馆国际竞标项目的华裔建筑师彭士佛工作室也只有三个正式工作人员。由于设计这一学科的个性化诉求，这一类的小型工作室越来越成为建筑设计实践工作的主流。在英国，80% 的建筑设计公司是小型工作室，这和我国现有的大多数设计单位还是大型设计公司的现象有所不同。规模化和小型化都是传统向未来转化过程中可能出现的现象，同时也是信息化智能化时代的典型方向。两者区别在于市场如何归类以及对于大数据不同的应用方式。

2.2.2　演进

建筑设计的最大困惑在于设计想要却难以超越生活方式的变化，科技的快速发展使得建筑设计中的结构因素渐渐成为影响功能以及造价的非决定性因素。从技术角度而言，建筑设计的问题集中在如何创造符合整体动态需求的灵活空间上，空间的使用者——人的生活方式的变化才是设计者要研究的对象。最终还是要落实到设计的过程。生活方式的变化是由复杂的诱因所逐渐形成的，生活方式之所以成为人们追逐的重心就是因为它的不可知性，人们在比对和衡量的时候是以物质的实体价值来作为衡量依据的，却没有意识到人的根本不同在于抽象的精神生活方式，而这种作为最终追求目标的生活方式是难以量化和预期的。

作为人与自然共生的最基本物质支撑——建筑，其设计过程要满足这种变化只能体现在体系本身的自适应性和良好的自反馈系统，设计的过程是动态变化的过程，设计的动态体现在对于可变因素的及时调整和系统化分析上。这种理论在我国古代的哲学理论中早有论述，设计的过程是意向产生以致形成"器"的过程，这种意向的来源归根结底则脱离不开生命的本原和赖以生存的自然之"象"。因此，人类在造物之初，也是依据最原始的自然现象或自然界中的形象，"仰则观象于天，俯则观法于地"从最高的智慧去寻求规律，从自然之形去寻求法度。在设计的过程中，最终的目的是"开物成务，冒天下之道也"。开，明之也；就是说，在人工的未知之物形成之时，开发的过程是使之具有智慧的过程，才称之为"道"的终极目标。"阖户谓知坤，辟户谓之乾。一阖一辟谓之变，往来不穷谓之通。见乃谓之象，形乃谓之器，制而用之谓之法，利用出入，民咸用之谓之神。"也就是说，在建筑和器物的设计中，要考虑到的不仅仅是它的实用功能，在实用的基础上要能有更多可利用的价值，同时这种功用又可随着人、物、事的变化而变化（郭廉夫，2008）。

传统设计文化的根本性原则是积极地适应社会的变化，适应自然材料、造型空间与制作工艺、人的生理尺度和使用习惯、文化传统等。同时随着时代的变化和使用功能的增多或改变，表现设计文化精神的、审美的、风格的不同特征。在适应变化中跟随自然和社会发展的规律，做到制用有节，构建和谐共生的环境。由此可见，设计的最基本要求以至最高境界都在于"变"。随物而变，随人而变，随事而变，随时而变。这就表明建筑设计的本原是可应变的智慧化的最终目标，而不是静态的不可改变的凝固物。

在历史的发展进程中建筑设计也一直是在追求方法论的过程中以螺旋方式上升。建筑设计始终围绕着经济、技术和设计三方面展开的。建筑及其所堆积成的城市恰恰是人类最为集中的物质文化产业和所有物质文化赖以生存的基础。建筑作为人类和现实的维系，永远要在满足人的需求方面做出不懈的努力。在弗洛伊德心理学理论中，人格有三部分组成：本我，自我，超我。"本我"就是肌体的物质欲望，追求的是本能的心理能量的即时的释放和发泄；"自我"简单来说就是精神理性，自我的目的就是通过现实理性的原则使本我进一步得到满足；"超我"简单来说就是上升到灵魂层次的伦理道德。超我是在自我的社会化中分化出来的，目的是为了更好地监督本我。著名经济学家马斯洛在其经济学需求分析中把人的需求分为七个层次，从物质的安全生理需求到精神的教育、家庭、爱的需求到最高层次的满足自身需要的灵魂寄托的需求。这些源于心理学的分析均说明，在人类这种高级动物身上，仅只满足静态的物质需求即使在经济层面也是远远不够的。

美国机能主义心理学派创始人之一威廉·詹姆斯则在其《心理学原理》中把人的心理需求分为三种：①物质的自我，源于对躯体的觉知，包括与自己有关的衣着、家庭、财物等；②社会的自我，反映个体对两方面的看法，一个是个体以为是重要的，比如其他人是如何看待自己的，另一个是社会的规范和价值观；③精神的自我，指自觉到自己的存在和弱点，也即受格的"我"（me）。

因此从设计的角度，如果把人类的需求以高低层次从物质到精神分为本我需求、自我需求和超我需求，从系统分类的角度可以对应建筑的静态因素和动态因素的分类，简化设计元素的关系，找到同使用者（人类）相契合的设计对应元素。

从本我需求的角度而言，在设计上主要表现为基本的生理需求，这一点相较技术的发展和人类进化的进程，基本的生理需求变化不大，差异也并不大，通过高度发达的技术，人体工学加上大数据的简单计算几乎就可以使需求标准化、全球化。自我需求则进一步上升到人的理性的精神需求，和人的社会背景、经济条件、民族地域、文化教育有着密切的关系，不一而同，依然可以找到共性，仍然可以通过类型学设计的方法予以解决。超我需求则提出了更高层次的要求，主要指人的情感需求，情感需求会在生理需求上产生映射，会对生理需求造成某种程度的影响，但是情感需求的特征更侧重于随时间变化的人的动态的精神需求。

人类通过对于和自然的磨合、改造，通过生存时代的建筑，经过功能时代的建筑到现在提出回归自然的生态建筑时代，正是人类对于自身需求认识的"契合"的过程。在建筑实践的过程中，首要解决最基本的需求，在经济、技术和设计分工细化，各自都到达几近完善当下，人们重新认识到以上三种需求并不像历史的长河中所展现的一样，是按部就班的出现的。三者之间并不是分离、孤立地存在的，而是相互依存、相互影响共同构成完整的个体。三者的同时协调、满足、平衡就对建筑设计的三个侧重点提出了最大程度的协调化和动态变化的要求。实际上，建筑设计实践过程的智慧化一直是人类在建设过程中追求的目标，然而追求过程中的矫枉过正往往会使得设计被生生割裂为众多无法弥合的专业化碎片。

Ebenezer Howard 提出"花园城市"和勒·柯布西耶提出的"光辉之城"中以宽阔、明亮、有序的城市环境替代传统工业城市拥挤、杂乱、无序的面貌。在大的城市运动改造中，首先被摧毁的是城市的历史，最为争议的也是这一点，中国的城市建设在很大程度上体现了这一点。人们常常故地重游、却在高速化的城市建设中失去了历史。"现代主义煞费苦心地摧毁了历史的深度"（保罗·希利亚斯，2006）。

20世纪60年代后期的对于建筑遗产的保护就已经超出了人们简单的生理需求和精神需求，而是基于人们对于"我来自何方"的纵向哲学情感的需求，是居住在城市的人们集体化的超越个体的超我需求的体验。同样的，可持续化语境对于生态、绿色技术的追求也正是基于人们望向未来"我去往何方"的忧患意识，人类意识到时间的变化、记忆的存留对于情感的需求是不得不考虑的条件。在经济洪流中忽视过去和未来的时间因素，只考虑经济和技术的做法是片面性的，所导致的最终后果必定是精神本原的失落与崩溃。

在中国，建筑设计实践是基于国家大背景下的建设需求而存在的，建设同国家的产业经济的发展密不可分。前文已经提到建设在经济转折期的变化对于建筑设计时间的影响，这里要分析演进过程中的变化是如何产生和如何加速的。

中国的产业经济在80年代发生了质的变化。经济学家吴晓波谈到，20世纪80年代之后发生了三次重大的产业转型：1978～1997：从重工型计划经济向产业轻型化转型；1998～2014：从轻型化向重型化转型/从内贸经济向外向型经济转型；2015～未来：从产业重型化向"互联网＋新金融"转型。

在这期间，产业经济的变化带动着建设的变化，近30年来中国的产业经济呈现出波浪性的变化，在不同的阶段里面，建设投资的中心也在不断地转移，建筑设计实践的方式也随之产生了巨大的变化。

1978～1997年，产业经济的特点是重工业型的，大量在建的建筑是工业建筑，以及由此延伸开来大量的工人宿舍以及建设的办公用房。这个阶段主要的城市由发展工业开始渐渐步入城镇化的过程，公共建筑的配套也是以工厂为核心而展开建设的，在建设工厂厂房的过程中，成立简单的基本建设办公室，也称基建处或基建科，基本建设办公室直到今天还仍然是大的国营单位的一个常设部门，它承担了项目的立项、可研、场地选择、方案设计、施工图设计、建造以及维护的全过程。有趣的是中国建筑在初始的建设阶段由于技术人员不足而采取的方式却是完全满足当前所提出的全生命周期的特点的。但是同样由于人员和经验的不足，当时的基本建设办公室的工作人员无论背景和学科专业，一律跟进建设的全部过程，不仅如此，项目的多样性也造成建筑设计实践者们对于各种类型的建筑方式从陌生到熟悉。幼儿园、学校、医院、礼堂，从住宅到教育到娱乐，从物质需要到精神需要，都可以在厂区内部一气呵成，由于规划交通的不发达，人们的主要交通方式是走路，奢华的交通工具是自行车，因此，居住地点到幼儿园、学校、医院以及礼堂的距离均是以此为基础设置的，产业经济的模式使得中国建筑规划自发地形成了以步行和自行车速度为半径的基本生活单元。这种生活单元由于其聚落形式满足人们当时的生活、工作、交往的全部需求从而给一代人留下了不可磨灭的印象。20世纪80年代改革开放之后，经济形势发生了较大的变化，大型的国有企业仍然存在，这种围绕国有企业、国有工厂的微型卫星城镇也还在维持，只是由于民营企业的冲击和发展，股份制改革，大量的建设形式有所改变，但也并未因此而停止，反之由于开放所带来的观念的变化，住宅、学校、医院也开始进入第一轮的装修、扩建及改建的时代，室内设计也就是在这个时候开始成为设计院的一个部门的，这在某种意义上标志着中国建筑的使用者们已经从单纯的生理需求上升到简单的精神需求层面了。

这一阶段的典型需求是原有的小户型、筒子楼和使用者多功能需求之间的矛盾。通过既有建筑改造、室内空间的再利用，使用者们联合设计师使大量难以进行结构改造的砖混建筑出现了尽可能多的灵活空间和灵活的使用方式。当然，旧有的自建建筑，大部分是平房的住宅也加入这一行列。计划经济到市场经济的变化给建筑市场带来了契机，也带来了犹疑，80年代末到90年代初，伴随着房地产市场的大起大落，建筑设计市场也经历了突如其来的繁荣和骤降。

1997年之后亚洲金融危机的爆发使得中国经济遭到了很大的冲击，特别是1998年，改革开放之后活跃起来的中国民营企业历史上第一次出现了大规模的倒闭，一方面由于银根紧缩，另一方面是市场萧条。从而带动了又一次的改革，这次改革发布的非常重要的三个政策对于中国的建设环境和建筑设计实践环境都带来了较大的冲击：首先取消福利分房，取消福利分房带来的两重问题，一是房子作为商品被推向市场，二是推向市场之后买方观望的态度直接引发了建筑设计的使用者不再明确的问题。这个问题一直延续到今天。新的实体接连出现，带来了新的消费方式，新的金融模式以及完全不同以往发展速度的新一轮的城镇化。房地产在这个阶段进入一个高峰期，有目的的和盲目的房地产投资推动着城镇化的迅速蔓延，中国在近20年里发生了真正翻天覆地的变化，建筑设计市场也是在这个时期扔掉手绘和图板，进入电子化时代的。

这20年间，最能代表中国建设特征的字就是"拆"，其实每一个国家在经济发展加速时期都有着拆旧建新的过程，但是没有一个国家像中国这样范围如此之广，速度如此之快。现在已届中年的设计师都记得，20世纪90年代初设计院组织有经验的住宅设计专家计划每二十年征集优秀户型印刷成册以供建设单位从中选用，真正有代表性的是当年出版的八五住宅和后来再版的九五住宅，之后由于互联网的普及，住宅户型不再以年代命名，而改以面积命名，传播渠道也从出版商变为互联网。出版商出版的速度也远远赶不上户型更新的速度。

经济学家预测未来中国10年产业变革和以前最大的区别是"从无到有"，这种经济模式也会催生全新的建筑功能，使得行业朝向规模化和小众化的两极发展。要么是通过虚拟的平台从每一个客户口袋里赚钱；要么是通过无可替代的专业从针对性客户那里赚钱。原有的办公模式、原有的商业模式、原有的工厂生产模式都已经发生了改变或者正在面临改变。围绕某一工厂的微型卫星城镇已经在不断地被废弃的过程中有的拆除了、有的更新了，建筑虽然通过更新得以存留，原有的生活方式却不复存在了。人类不再可能生活在用脚可以丈量的范围之内，经济极大地推动了交通的发展，交通改变了速度，速度又反过来颠覆了人的生活方式。从而引发了城镇规模的巨大变化。

重要的问题是，无论建筑学家还是规划学家都认识到速度带来的变化，以及问题解决方式之后带来的弊端，可是在变化的洪流当中数据的庞杂和经验的来不及积累造成了规划决策的仓促和无奈。更为严重的问题不在于数据的庞杂而在于数据的不断变化。

首先是制造业的变化，制造业继有原来的大型国有股份制企业之后，规模化的企业也是国有和民营均分天下，上千亩地的工业园区出现在所有可能有加工业的大城市，随之带来的是环境的恶化，环境的恶化导致区域经济的滑坡，城镇化和区域经济的滑坡又促使劳动力在有更多机会的大城市聚集，20 年间带来一系列的外来人口问题、老龄化问题，继而是劳动力缺失的问题，劳动力的缺失使得具有成本优势的中国制造出现了危机，制造业已经开始向东南亚转移。制造业的转移势必改变原来规模化的优势，原有规划中的产业园也面临调整，被冠以养老和医疗甚至教育的名目。即便如此，空置的建筑和用地不可避免地存在着。产业链的危机大面积存在，不仅建筑设计行业在关注生态设计，所有的企业都在研究生态转型。所谓的生态转型都是基于信息化和需求更新而提出的。

由于互联网的云社交的出现，距离已经不再成为影响信息的因素，信息瞬时同步，并没有同化了人们的需求，反倒促使人们更加深入地去思考个性化的需求，因此，设计的目标由于个性化的需求变得更加复杂，设计的演进方式也变得不可捉摸。家电、家具、家庭用品在智能化方面投入了大量的研发成本，同时又加强了所有与使用者个性化需求有关的反馈机制。建筑设计是否能跟上这个变化？用何种方法跟上这个变化？

建筑设计实践在朝向更专业、更精确的信息化方向演进。但是信息化并不只是设计的输出数据的信息化，还包括输入数据的信息化。输出数据的信息化和共享保证了使用者及时有效的反馈，输入数据的信息化和共享保证了建筑设计的个性化和定制化。

综上所述，建筑设计实践的本原是探讨建筑随时间变化而适应使用者的生活方式，从而进一步和人一起适应自然变化的过程。既然如此，建筑从设计到使用再到消解的周期必然要具备同人的生活方式同步的演进过程。

建筑设计同人的行为相互影响和变化，同时具有外在形式和内在精神两个方面的表现，外在的形式表现在建筑过程中呈现出来的是秩序、规范、法度，着重于技术的表达和实践；内在精神表现在神、气、韵的和谐，建筑所表现出来的空间序列感、比例尺度感都会在一定程度上予人以明确的可辨识性以及强烈的记忆。建筑中对于这二者求和的过程在设计中则表现为智慧化的演进过程。

明确的可辨识性以及强烈的记忆并不一定表现在符号化的构件上，有时候，空间的不同方式的流动性、立面比例的观感，都有可能触动使用者内心当中的记忆机关，从而给使用者造成"这个设计有某种风格"的印象。现代中式建筑不刻意地用混凝土或钢材重复原有木材构造形式，而是从内心感受的角度来处理，做到**"存比例，去装饰，留神韵"**，也不失为在发展过程中的一个较好的保留传统的办法。较之外在形式，内在精神和空间记忆更容易引起人的文化共鸣。

因此，智慧化的演进过程包括建筑空间的动态变化、建筑环境的动态变化以及建筑系统的动态变化的过程。首先，建筑由静态存在的实体围合成动态变化使用空间，空间的变化要满足随时间流逝而产生的使用方式的变化。其次，建筑的内在环境和外部环境作为人的活动场所也随社会发展变化，建筑和环境的互动影响也是设计过程研究的重要内容之一。再者，建筑作为人活动的空间，在时间的维度里是作为人——自然这一系统的必然产物而存在的，建筑同人、自然系统的时空同步性是建筑得以发展的必要条件，静态存在的建筑实体只是动态变化的生活方式的时空同步生命体。与变化随动并行才是建筑的最终目标，是建筑的智慧化演进方向。

马克思曾经指出："……不仅意味着他的劳动成为对象，成为外部存在，而且意味着他的劳动作为一种异己的东西不依赖于他而在他之外存在，并成为同他对立的力量；意味着他给予对象的生命作为敌对和异己的东西同他想对抗"（《马克思恩格斯全集》第 42 卷）。人类通过智慧和劳动创造建筑和自己赖以生存的人工环境，这种建筑环境是为人服务的，是基于人的基本需求而存在的，人应处于主体的位置，道家讲"重己役物""不以物害己，不以物挫志"，建筑的形成如果成为人的负担，它的生产过程的巨大的偏差就来源于人本身对于建筑作为物的本原的意义。那么建筑在从想象到意识到概念再到草图、设计、模型以至事物的过程中就应该明确指向智慧化演进的方向。这一演进应同步于人的变化和需要，而不是背道而驰。设计一旦拘泥于某一种既定的规则、某些设定的标准，设计行为将成为框定的行为单元，设计的动态将难以为继，由"变"而生的设计的最基本原则将被破坏殆尽，由"变"而导致的设计的最高境界也将无法达到。因此，当人们在叙述设计的基本原理时，循规蹈矩地遵循设计的规律，就已经在不经意中失去了设计的本原。

代表中国建筑技艺最高成就的《营造则例》，一方面为营造师们提供了依例建造的捷径，一方面在设计的道路上，也通过宋明理学的桎梏为设计的断代和死亡埋下了伏笔。有宋以来，设计体例均沦为固定的模式语言，从官式语言到民间做法，更多的是传承因袭，少有大的突破和创新。科技在娴熟的技艺积累中取得了突飞猛进的发展，但是制度和思想的过于完善和成熟却从另一方面使人们不敢突破旧有的模式，建筑如是，设计亦如是。

2.2.3　趋势

　　侯幼彬先生在其《中国建筑美学》里谈到中国建筑传统时指出，建筑传统是多向度多层次的复合系统，并进一步把传统分为软传统和硬传统。硬传统着重具体存在的看得见摸得着的建筑遗产"硬件"组合；软传统则指建筑传统形式背后延伸层次的内容，包括传统的价值观念、生活方式、思维方式、行为模式、文化形态等"软件"的集合。贝奇曼在《整合建筑——建筑学的系统构件要素》中提到把建筑的设计看作技术与艺术相结合的系统，这一系统的过程可以分为物质和精神两个领域。物质的领域包括材料、结构、造型、设备等，从生存和安全功能角度看，这是建筑设计必然遵循的法则。精神领域则包括人文、历史、社会、地域等对过去方法的传承和发扬，而这些方面的创新才是评价一个新建筑的标准。大卫·博姆（1917～1992）在他研究的状态与不可分割的整体性如是总结道，"宇宙隐藏了一种'隐性的秩序（在事物背后终极的，彼此相关的现实）'，并展现了为人们所理解的'显性的秩序'——这是一个连续的交互的过程"（Bohm，1996）。也就是说建筑设计的过程始终是静态因素作为物质的外在表象和动态因素作为精神的内在动力的整体过程，因此设计的方法离不开对于这两者关系的研究。

　　工业化和物质化的高效率带来建设的高效率，在短短几十年期间产生的建筑面积比以前整个世纪还多（刘易斯·芒福德，2009）。可是这样产生的功能空间和视觉空间都在不同程度上受到指责。指责不仅仅集中在空间的合理性、使用的舒适性或者另一方面的精神和视觉诉求，而是针对越来越精细化的物质生活和越来越深入的精神生活的多重因素共存的需求。过于狭隘的专业化定义和追求短期便捷利益的行为，使人们在建设的过程中快速生产的同时，爆发出对使用空间的不适应性的巨大责难，无论是居住空间还是公共空间，人们经常性地发现自己被置于没有认同感和归属感的场所。于是随之而来的是大面积的拆除抛弃和生态与社会环境的快速恶化，这种自我形成的恶性循环也给人类精神带来了巨大的伤害，对于快速发展的无力感和对于科技整合的迫切需求使得研究者无所适从。印度思想家泰戈尔早在20世纪初的《民族主义》一书中就谈到"物质力量的扩展是全球处于其支配之下……由此开始了各国富国强兵的竞赛，其结果就是人类面临帝国主义的恐怖和世界大战的威胁。只追求民族的物质利益的政治组织和机器绝不能产生人民的全面福祉，而更可能造成全面的伤害"，"即使全世界都认为物质结果是人生的最终目的，印度也不要接受"。梁启超在1923年，即泰戈尔来华前一年，写了《先秦政治思想史》一书，该书的结论中提到，现代人面临的两大问题，一是精神生活与物质生活之调和问题，物质问题不能仅仅归因于物质科学，而应归因于人心；第二个问题是个性与社会性之调和的问题。无论是泰戈尔还是梁启超，无论是在 20 世纪初内忧外患的中国还是在把现代性当做发展目标的 20 世纪末，这两方面的问题都没有引起足够的重视。直到 1962 年，美国女生物学家莱切尔·卡逊（Rachel Carson）发表了一部引起很大轰动的科普著作《寂静的春天》（*Silent Spring*），作者描绘了一幅由于农药污染所带来的可怕的景象，在世界范围内引发了人类关于发展观念上的争论；以丹尼斯·麦多斯（Dennis L Meadows）等为代表的罗马俱乐部成员，发表了轰动世界的第一份研究报告，即《增长的极限》（*The Limits to Growth*），针对长期流行于西方的高增长理论指出了人类或迟或早会达到"危机水平"（丹尼斯·麦多斯，1997）。整体地、客观地讲，人类今天的生活水平比以往任何时候都要好很多，但是面临的问题也比以往任何时候都要多。人们对于现代性、物质化的批评，对于技术依赖的忧虑，也是人们在对世界对自身的认识、理解的过程中的深层次的推进，人类想要通过这种层级递进的思考来推进自身对于科技的控制已达到同自然相和谐的目标。

　　建筑设计作为影响最大的环节，传统的设计方式已经出现了较大的问题，一方面是跨学科的需求，另一方面是专业化人才的缺失，二者的矛盾在设计研究领域，尤其是表面看来偏重工程设计的建筑实践上尤为突出。近现代以来，人们经历了工业化居住模式统一建设的时代，也经历了把造型和标新立异作为评判方案的最大权重的时代。建筑空间独有的时间性明白无误的宣告，建筑作为物质和精神诉求的终极目标，无论哪一方面的过度倾向都会使人们陷入到推倒重来的尴尬境地。

　　但是物质生命的延续加速了建筑功能生命的变化，学者们也在寻找各种可能性来研究建筑生命周期中能量的消耗过程。

　　Cabeza 等研究定义了物化能与隐含碳或碳足迹之间的关系，并提出新方法测度物化能，证实了材料替代和循环使用可以降低建筑物化（Cabeza，2007）。Emmanuel 则通过对环境指数的研究证实：随着科技的发展，非传统技术的选择可能对环境更加有利，并进一步降低建筑的物化能（肖雅心，2014）。但是需要强调的是由于新技术通常伴随高成本，如何使用新技术同时满足短期经济和长期环境协调的可持续性需要统筹考虑。总的来说，考虑建筑物化能以及建材的循环、替代的潜力在建筑的设计阶段和拆除处置阶段不可忽视。建材的选择对于建筑业可持续发展的意义重大，不仅体现在其对建筑物化能方面和建筑拆除处理阶段的回收循环潜力有着决定性的影响，还因为建材的选择也可以降低使用维护阶段的环境影响，如使用绝缘隔热性更好的材料可能降低建筑使用阶段的供暖能耗。

　　建筑学者们也同时关注建筑的拆除和处理阶段，对数量不断增加的建筑垃圾的再生利用是建筑全生命周期面临的挑战之一。2009 年，Blengini 对一座于 2004 年拆除的意大利建筑进行了生命周期评价。该研究基于拆除和重新设计的城市区域现场实测数据、拆迁和建筑废物回收的实际数据。结果表明：尽管使用阶段的环境影响最大，但拆除和处置阶段不可以被忽略，且是未来环境效益最有潜力的阶段。建筑废物的循环利用从环境和能源方面看是可持续的，在经济方面也是可行且盈利的。另外，不同材料在处置阶段的回收潜力应该进一步研究，确定自然材料和回收材料的适当比例，达到最好的环境解决方案。以往的众多研究中由于数据的缺乏，对于建筑的拆除和处理阶段无法深入的分析，而这一研究着重于拆除和处置阶段，以实测数据作为支撑，有着重要的意义，并为未来的建筑废弃物管理研究打下了坚实的基础。2011 年，Intini Francesca 等也针对建筑中的材料回收循环利用问题进行了研究。研究以聚对酞酸乙二酯（PET）为对象，评估回收原材料制作绝缘保温建筑产品的能量潜力和环境效益。结果表明，PET 废物循环利用可以减少资源消耗，尤其是不可再生资源，实现能量节约。目前为止，LCA 方法尚未广泛地应用于建筑废物管理。文献中对建筑的拆除处置阶段都进行了简化甚至忽略，不考虑建筑材料的回收而仅视为填埋处理。尤其在国内，对于建筑的拆除和处理的研究更为少见，缺少数据是其重要原因之一（肖雅心，2014）。

　　良好的设计对降低建筑的环境影响有着十分重要的作用，但建筑设计通常并不作为建筑生命周期的一个阶段。可以应用生命周期评价，评估不同设计方案引起的环境负荷，从而选择较小环境负荷的设计。因此，在概要设计阶段考虑全生命周期的环境负荷，在设计阶段考虑使用绿色建筑技术将有助于可持续建筑业发展。2012 年，Cho 提出在高层建筑中通过结构优化设计减少结构钢数量以减少CO_2 排放。尽管该研究仅仅考虑了结构，但是在未来的研究中可以继续改善，同时它证实了在设计阶段考虑全生命周期环境影响对建筑节能减排是有效的（Cho，2009）。Basbagill 等也于 2013 年提出建筑早期设计阶段的决策极度影响着其环境影响。研究提出建筑全生命周期结合建筑信息模型（BIM）设计预测环境影响的反馈机制，辅助选择更好的早期决策实现碳足迹减量的最大化。建筑设计者在设计阶段面临许多的选择和决定，但是却无法判断哪一个决策是对改善建筑的环境影响更有意义的，因而做出了不适宜的决策，很大程度地增加了建筑的全生命周期环境影响，阻碍建筑业的可持续发展，在建筑设计阶段加入绿色建筑全生命周期评估的思想对于其可持续发展意义深远。

　　综上所述建筑设计过程的整体层面上，以完全生命周期而言，无论前期策划还是设计建设到维护都是基于动态需求和变化的精神层面的需求，只有在整个过程中顺应精神层面的需求变化，才能使设计的过程及目标足够明确，才能避免时间和物质的巨大浪费。

　　可以看到，虽然当代西方建筑理论研究方向的侧重面不尽相同，然而以系统的观点探讨建筑与城市、建筑与人、建筑与环境、建筑与生态之间的相互关系，已成为当代建筑设计研究的重要内容。传统的建筑设计方法集中在平面、剖面、立面的比例研究上，建筑师或多或少地依赖多年的经验来感悟空间，通常在设计时把空间分割为长宽高等等静态因素所构成的实体，这一实体所创造出的建筑空间无法模拟，只靠手绘的效果图来体验和想象。20 世纪建筑设计实践进入到计算机时代，效率大大提高，工作成果也较以往不同，但是计算机带来效率的同时，也带来了设计和效果的脱节，一段时期以内，建筑师依赖于效果图制造产业，寄希望于图片的炫技和夺目的效果，设计变成了流水线生产，几乎谈不上什么方法和系统。规划和方案脱节，方案和施工图脱节，唯一能控制这一原本整体过程的内容只剩下经济数据，只要数据不超过规定标准，每一个环节就不算脱节。面对这种困境，建筑师们对于软件提出更高的要求，Revit 的出现可以让建筑师有能力控制施工图的配合环节，不至于在设计中沦为建筑专业的绘图工，Sketchup 的出现使得建筑师可以控制方案到效果图的中间环节。但是建筑师在设计过程控制中的无力感却始终存在，从图板到计算机再回归到高效的手绘，建筑实践始终是在控制设计的过程中寻找出路。

设计的方法集中在从大的城市规划系统，到区域规划系统，乃至一栋单体建筑的可适应系统上，设计的方法采用可应变的系统方法实现设计过程的自反馈和调节，设计师就不会被技术或者社会经济原因所牵制，无论外环境如何变化，设计的内环境应保持一定的平衡或稳态，这就是智慧化演进的方式。

2.3　核　　心

2.3.1　生存需求

在建筑历史的研究进程当中，对于建筑阶段的划分有多种不同的模式，本文在此对于建筑时代的划分仅就建筑功能和物质生命周期的阶段作一比较，实际上这种划分并不是严格按照时间的阶段来体现的，只是系统方法里一种简化的方式。简化的目的是为研究影响建筑的各种因素及其机理。同时通过这种比较探讨建筑设计实践的变化的核心以及面向使用者的需求核心究竟是什么。

在建筑出现的早期，满足生存条件是主要需求，因此人们把生存条件的满足作为建筑功能的主要影响因素的时期称之为生存建筑时代。这同张钦楠在《建筑设计方法学》一书中对于建筑层级的划分是一致的。这种划分只是为了简化思考程序，更有效地说明在不同层级需求的建筑类别里建筑设计思考的侧重点。

早期原始的建筑是人类为满足基本的生存需要而出现的。但是无论是位于基辅特里波里的新石器时代村落，还是中国龙山文化的建筑遗迹，都在不同程度上显示出原始人类在除去安全要求之外的精神诉求。因此，严格意义上的生存建筑只有在原始人类没有形成固定的家庭关系的时候可能存在，而这段时期的建筑由于其设计性不强，只是遮风避雨的场所也不能称其为建筑。基于夜晚睡眠的基本安全需要，人们首先考虑在一个完整的大空间里解决基本的睡眠问题，因为睡眠的时候人的警觉性和防卫能力最低，其余的饮食、交谈、排泄都在室外空间解决，同时这些室外活动也具备简单的社会交流的意义。满足基本的生存条件是原始社会的建筑需要解决的主要问题。从原始自然到人为建筑物，从穴居到巢居，再到原始的木架建筑，由不同制式的建筑形成不同的等级制度，形成一定的社会伦理，社会伦理对建筑的形式及空间又提出新的要求。在这一过程中，建筑物有明确的人造痕迹，人居其中，目地是在寻求庇护的同时达到精神上的满足。这个阶段建筑中的静态因素占据主要地位，因为人的生活方式并不复杂，对于功能的动态要求并不多。

同时期出现的作为聚落核心存在的纪念性建筑更是体现这一要求的实例。藤井明和原广司等一些日本建筑学者对于现存聚落的考察也进一步说明了，即便是基于安全、生存所建筑的原生态的聚落也在其空间构成和形态表现上级大程度地体现了强烈的族群个性和宗教诉求（藤井明，2003）。中国传统民居建筑的发展也是在以探索人与自然关系为主线的过程中逐渐成熟起来的。

因此从这个角度把这一类基于静态元素组成的建筑实体占大多数的时代称之为生存建筑时代。生存建筑时代，建筑的发展方式也是随着人类的需求而变化的。生存建筑时代，社会及精神的需求则是以聚落的形式出现，以农业、游牧、打渔为业的人们选择属于自己生活方式的地区进行早期的社会活动，社会活动的表现方式之一就是建造属于自己的聚落（藤井明，2003）。聚落的发展看起来随机性很强，却极为明确地昭示着人类聚集和发展的痕迹。这一时期的单体建筑则多是为了满足基本的需求，即生理上的本我需求，精神层面的需求大多在室外、在群落之中通过单独建筑地围合形成所需的功能。人和人的关系相对简单，聚落和聚落之间的互动频率很低，建筑的功能结构关系也不需要太多变化，在没有受到生存威胁的情况下一般不会有空间上的变化和流动。建筑功能相对于使用者的需求层次主要是本我需求。

即便是变化缓慢的生存建筑时代，变化依然是存在的，主要体现在随着人的生活方式的变化而变化的空间形式。例如中国黄河流域仰韶文化和龙山文化所表明的从穴居到半穴居，直至被地面建筑所替代。龙山文化的住房遗址已有家庭私有的痕迹，出现了双室相连的套间式半穴居。随着人口的变化，聚落范围的扩大，人们对于建筑的需求开始有了更高的要求，比如要求在建筑内部出现分区，在聚落中出现等级差异的不同形式和位置。于是建筑开始出现简单的功能分区。

工业革命以前，技术的发展没有快速的改变人类的生活方式之前，建筑仍然是处在生理和精神需求此消彼长的漫长时期。人们力图通过造型、空间、构件来表达自己所处的环境以及民族特色，这一时期的精神需求主要集中体现在公共空间里，居住空间的模式变化不大，也没有表现出设计目标和最终结果的巨大差距。可以看出，即便是这样，中国建筑的发展也是以"变"为主线的，由原始的建筑发展到宗教图腾建筑，再到封建等级的建筑制式，中国建筑的改朝换代意味着新的制度产生，旧的制度的消亡，同时一大批旧建筑完全被摧毁，代表新制度、新王朝的城市重新被建设。制度的更迭意味着生活方式的变化、意味着人文关系的变化、意味着建筑地推倒重来，甚至常常意味着一个都城的重建。这一点是早期建筑所表现出来的中国思辨方式的设计理论，"变"作为建设的核心存在。

但是，统治阶级都追求长治久安，建筑也同样追求坚固异常。明朝的宰相张居正对建造自己宅第的匠师说，要求宅邸要坚固耐用，匠师回答说："我在京城这些年，只见宅子换人，没见过宅子毁坏的。"这说明在当时的历史和生产力条件下，人的生活方式变化速度远远比建筑的物质生命周期慢。人们可以把住宅代代相传，而生活方式没有质的变化。这一时期对于建筑设计的动态要求主要体现在艺术造型和建筑群落的关系上。当技术发展推动人的生活方式在短短几十年就发生了质的飞越的时候，简单的生存模式的建筑已远不能满足需要了。

2.3.2 功能需求

随着社会和人文的复杂程度逐渐增加，文化是人区别于其他种群的标志，而文化则与人的群体特征密不可分。不同的群体特征有不同的宗教、语言、起居饮食习惯、家庭构成等等。正是这样一些特征对于建筑提出了明确的功能要求。基于文化的特征的需求是随着社会以及生产力的变化而逐渐变化的，在建筑上则表现出了对于空间布置的灵活性的要求。空间是静态元素，半动态元素和动态元素的组合体。静态的元素，例如结构承重墙体在建筑的物质生命周期内是不易改变的，半动态元素比如可改变位置和材料的隔断、可移动的固定家具则进一步限定了人的活动方式，构成了一幕幕文化所需的场景。动态元素，即空间之间的联系、序列、对应以更为抽象的暗示方式作为人使用建筑的导向。半动态元素和动态元素是定义建筑功能的必要元素。一个没有定义的空间是不具备功能意义的，或者说有无限种功能的可能性。因此，当建筑开始出现功能的需求时，也正是动态元素作为核心设计条件被提出之时。

限于篇幅，不再一一列举所有历史阶段的建筑，这里仅从现代主义出现之后人们对于功能的理解开始分析。每一次的科学技术的变革都对于建筑学产生了重大的影响，根据最普遍的看法，自现代科学产生以来的大的变革就是工业革命和现在的信息革命。19世纪，蒸汽机的出现给人类带来了现代文明的大工业革命，蒸汽机的出现改变了人类社会经济和技术更新的速度，也正是这一创新，把人类革新的速度由动物速度提升到机械速度。工业革命加快了人类生活方式改变的速度，信息革命改变了人类对于生活方式更新的速度。2008 年威尼斯双年展，德国馆的展览名为"更新德国"。当下的中国也正面临前所未有的经济、社会和文化的变革，面临观念、生存状态、生活方式的自我更新，2010 年第 12 期《世界建筑》中的同济大学李翔宁的文章则直接以"更新中国——为了一个可持续的未来"为题讨论中国近年来和可持续发展相关的建筑、规划和艺术项目。

　　建筑设计对于功能的探索实际上是一个不断更新的过程，那么更新的依据是什么？更新的目标是什么？设计是沟通的过程，是设计师和建造者程序之间的沟通；是设计师和使用者时空之间的沟通；是设计师和时间的沟通。从这一角度来探讨建筑设计似乎具有更广泛的意义。设计一词是 16 世纪在大多数欧洲语言中出现的，当时的意义即表明了思维性工作与生产劳动过程的分离，表明了制作与构思的分离，表明了建筑师与建筑工匠的分离。在以后的发展中，设计一直试图系统性地解释、阐明同时控制各种手工艺生产技术中共存的规律。设计是一种规划方式，设计的内容是决策和构想，不是平衡和逻辑。

　　对于 20 世纪初的建筑设计来说，"功能"（function）的含义是很清楚的，它指人们对一个房屋的"使用要求"，如保暖、通风、卧室客厅的设施等。但是到50 年代出现系统论后，"功能"的含义变模糊了。功能在系统设计方法中具有了输入输出的含义。这一词语在某种意义上说明了除元素外的互相影响的结构关系是如何工作的。60 年代出现大量新的微电子产品，模糊了产品的外形和功能，设计的风格开始转向形式和需求的分离，人们无法从产品的外观直接感受它的操作系统。这一思想也延续到了建筑设计上，直到如今人们还常常接触到表皮设计的处理方法，以使得一栋住宅的外观可以看起来像办公或者商业体。这种设计带来了认知感的模糊化和建筑美学的模糊界定。建筑及其设计过程也成了"黑匣子"。人们需要通过大量多余的询问和试错的过程才能搞清楚自己身处的空间是如何运作的，甚至于在使用很长一段时间后，发现建筑中有大面积不为人知的空间。形式认知的模糊化在促进功能独立发展的同时也模糊了人们对于美学和功能关系的认知，在建筑上，人们逐渐意识到功能和形式的分离会导致建筑缺乏整体性以及城市缺乏归属感。功能主义的奠基者芝加哥建筑师沙利文明确提出"形式服从功能"口号。除了沙利文，苹果公司的唐纳德·诺曼也是提出这种要求的主推者，他明确表示产品应当自己会说话，使人在直观感受上，不需要操作说明书也可以使用产品，建筑界也有许多建筑是主张建筑的空间应是完全契合人的感受的，建筑本身是有生命的，和人的行为完全契合。罗杰·斯克鲁顿（2003）在《建筑美学》中提到"建筑学的意义在于使我们的感情趋向无意识的根源"，因为建筑学从本质上讲恰好是治疗自身分化的一种形式。

　　新的设计理论层出不穷，有从形式角度强调形式追随美学的，也有强调形式决定于成本的，形式追随功能的，并且在设计界不断地被推翻和反复重来。技术的发展并未有效地推进建筑师对于功能的控制，包括表皮主义在内的一些理论的潜在思想仍然是在"形式美"的大框架之下，以形式为设计的目标而提出的。形式美在一段时间内左右了建筑的评价体系，上世纪末期大量的招投标文件的重点在于对造型的要求。甚至有一段时间，只通过炫目的效果图赢得招标的不在少数。大多数建设方认为功能是次要的，形式上的夺目和新奇才是设计的关键，建筑设计一度变成造型设计，国内的大型公建的招标在某种意义上已经变成造型是否足够令人吃惊的评判模式。设计被简化为包装，失去整体的意义。但是随着时间的变化，人们逐渐意识到对于建筑这种最具使用意义的艺术品而言，造型应当是体现建筑功能的明确地部分。造型设计的关键在于使人们能在行进中产生强烈的认知感和场所感。应当通过其外形设计，使建筑的功能尽可能"透明"，使人能够在较短时间内认知它内部的功能和交通状态，使它能够与使用者进行充分的交流，在使用的过程中对于功能的认知最好是潜意识的，不需要通过多余的标识来实现。实际上技术的发展带来的功能和形式的目标是此起彼伏的，在未开放大数据共享之前，建筑设计实践不可避免的出现使用者反馈滞后性问题，新技术带来的改观首先体现在外表皮材料上，因为只有外表皮材料的表现才是最具号召力的表现，在外表皮材料的表现足够昭显新技术的优点的时候，建筑师才有时间考虑这种新技术能给建筑的功能带来什么样的变化。

在这种时代背景下，功能主义有了新的意义，建筑设计师普遍开始尽量了解使用者在建筑之外的感受和建筑之内的行为模式，进一步把建筑同环境心理学和环境行为学相关联。强化人在建筑之中的视觉理解过程，把建筑内部的功能表现在外观上。例如，怎么通过造型可以使不同类型的使用者明确建筑的内部功能？如何让使用者快捷地了解建筑的运作模式？使用者在使用建筑期间对环境产生的影响以及内环境对于使用者心理上的影响如何？建筑应当对使用者的各种功能尝试提供反馈信号，让使用者能够进一步了解建筑内部的运行方式，从而使建筑的流线变得清晰简单易用。这种思想在微电子产品上称之为产品符号学，产品符号学倡导的主旨是设计思想史的一次重大变革，从以机器功能为出发点，进化到以人的行为为出发点，以人对产品的理解为出发点。作为建筑设计则相应地提出建筑应当自己会"说话"，在人的使用范围内尽可能地做到快速感知。产品符号学最先在电子产品中提出"以人为本"的设计思想。建筑设计则因为专业的融合性过于复杂，无法快速把科技体现到建筑本身。但是在这一思想的影响下，建筑界也开始对功能的要义进行重新考虑，建筑的"以人为本"在城市和更大环境上具有更为积极的意义。人们希望可以不依赖各种标识来辨别建筑内部的功能和方向。建筑的内部应该通过本身的结构或构造的组合给人以明确的指示。而不是像通常那样被设计得像个迷宫。

正如爱因斯坦所说："我们时代的特征便是工具的完善与目标的混乱"。

20世纪世界设计艺术的发展史有一个突出的现象便是形形色色、风格各异的新流派层出不穷，纵观这一时期的历史，今天依然存在并起较大作用的只剩下以功能主义为基本特征的现代主义设计，它已经成为近一个世纪以来世界设计发展的基本格局和模式。

功能主义或理性主义建筑是1950年由瑞典建筑师汉斯·阿斯普隆德（Hans Asplund）命名的，这一时期大量的功能主义建筑主要体现在强烈的机械感上，由于社会的需求，建筑必须在某种程度上明示科技的伟大力量。这一时期的建筑的科技滞后性使得建筑师从成果上让位于工程师和机械师，包括芬兰首都赫尔辛基的奥林匹克体育馆以及巴黎蓬皮杜中心，把基于新技术的建筑材料作为表述的主题，昭示着工业革命的巨大成就。1851年，第一届"世界工业博览会"展览的场所"水晶宫"的设计者约瑟夫·帕格斯通就是一名工程师而非建筑师。

这一时期的功能主义的重点先是针对装饰繁复的建筑的一种拒绝，建筑师在设计中反复地重新提出把焦点放在解决人的生理需要，提出"由内向外"逐步完成的设计方法。更进一步的设计中，人的心理需要被引进建筑设计之中，形式作为建筑功能的外在表象而存在。这一时期较建筑设计以解决生存问题为主要矛盾的时期更多地考虑基于人的精神需要的动态影响因素。

从社会科学出发的结构功能主义首先把社会当成一个完整的系统，认为社会是具有一定结构的系统，并进一步把社会的各组成部分以系统的方法进行分析，认为各相互关联的部分是有序的，同时对社会这一整体系统发挥着必要的功能。同时一些城市规划研究学者也把系统的概念引入了建筑和规划学科。结构功能主义和以往的功能主义的有着密不可分的传承关系。提出了结构功能主义这一名称的美国社会学家帕森斯认为，行动系统由四个子系统构成，包括社会系统、有机体系统、人格系统、文化系统。帕森斯的层级分析对于之后的城市环境的系统化研究具有积极的意义。在社会系统中，行动者之间的关系结构形成了社会系统的基本结构。社会系统由四种功能条件来维持和存在：一是适应，适应是指系统获得和平衡资源的方式；第二是目标达成，通过明确地目标指向调整各个层级的关系，并不断修正已达成目标；第三是整合，强调协同性和整体性；第四是指潜在模式维系，在系统内部保持共同的价值观。引申到建筑的整体系统，因为建筑的社会性，建筑的设计过程也具有社会系统的四种影响模式，分别是经济系统、政治系统、社会共同体系统和文化模式系统。建筑最终的功能在社会系统中体现的是四者相互联系相互影响的结果。这种对于系统的分类也成为建筑和城市规划中应用系统学的因素分析的基础。基于帕森斯的理念，社会系统是趋于均衡的，作为社会系统的必要物质载体的建筑也是在满足各方功能条件的情况下保持物质系统的稳定性。建筑作为城市的子系统，在维持自稳态的基础上满足必要的变化条件以保持城市系统的稳定性。

　　结构功能主义的另一个主要代表人物默顿发展了结构功能方法，提出了外显功能和潜在功能的概念，区分了正功能和负功能，并引入了功能选择的概念。唐恢一、陆明的《城市学》基于默顿的概念对于城市设计的系统也提出正功能和负功能的概念。从这一角度出发，可以看出：

　　第一，建筑作为人类社会的物质载体，应该与生物有机体一样都具有组织结构。对于这一组织结构的层级分析是设计过程控制的主要内容。

　　第二，建筑的发展过程与生物有机体一样，在延续的过程中满足自身基本需要的同时还要减少对周围环境的影响。

　　第三，建筑系统不仅要满足各个部分协调地发挥作用以维持整个系统的良性运行。还要更进一步具有自稳态的性质。这一点在第三章将会有详细的说明。

　　约翰·拉斯金（John Ruskin）和威廉·莫里斯（Willian Morris）等认识到大机械化的生产在一定的程度上剥夺了人的创造性，提出恢复传统的手工艺制造的模式。另外一种则以高弗雷·散帕尔（Gottfried Semper）为代表，提出"结合论"，指手工艺与工业相分离是必然的，技术和科学的发展是不可逆转的。继而强调在教育角度培养新型的工匠，提倡理性和艺术兼修的设计教育理念。而参与组织"世界工业博览会"的英国人亨利·科尔也认为必须通过改变设计教育的模式来解决工业化冲击对设计方法带来的问题。

　　与此同时，美国芝加哥出现的大批的现代摩天大楼作为高层建筑的发端和现代性的经典形象几乎风靡整个 20 世纪。路易斯·沙利文（Louis Sullivan）作为芝加哥学派的中坚人物在此明确提出"形式追随功能"。这句名言几乎成为美国建筑设计哲学的代表性陈述，也成为包豪斯的设计主旨。沙利文指出造型是表明功能的语言，自然界的东西通过造型来区分彼此。这一思想影响了一大批建筑师，建筑材料的合理利用，对于材料和人的环境心理的分析，建筑物的构成似乎有了可循的模式。建筑物开始具有明确的表现力，功能和形态在某种意义上高度统一起来。之后的弗兰克·劳埃德·莱特（Frank Lioyd Wright）把功能主义又进一步发展到了住宅建筑的领域。莱特赋予建筑有机的概念，从环境融合的角度诠释了建筑的意义，强调建筑的功能、结构都应和其所处的环境融为一体，强调建筑的整体性，使建筑的每一部分都与整体协调。

　　建筑设计在进入信息社会的过程中开始面临一系列新问题。自然资源迅速减少，环境污染公害增加，诸多不稳定因素导致西方工业经济衰退。物质化的追求带来的问题日益严重。资源、环境、生态等问题逐渐被一一提出，并成为建筑设计及城市规划中迫切要解决的问题，格鲁斯于 1975 年提出"有意义的功能"理论，提出设计应选择倾向于人文科学思想的方法。他在德国首先提出了"再生循环处理"设计思想。从这一思想出发，德国的欧分巴赫大学和柏林的国际设计中心发展了再生设计，他们改变了设计方法并用于实践。这种设计思想导致了环境保护技术和设计，后来被称为生态设计。在这种情况下，一些国家提出了新的发展方向，不再以经济增长作为发展目标，而是寻找可持续发展策略，以维持人类的生存。

二战后的德国依然是理性主义的设计，并发展了一种以强调技术表现为功能主义特征的工业设计风格。受其影响最大的是由马克斯·比尔（Max Bill）担任第一任校长的乌尔姆造型学院。在这个学院的设计师们坚信艺术是生活的最高体现，认为设计的目标就是促进将生活本身转变成艺术品。比尔离任后由托马斯·马尔多那多（Tomas Maldonado）继任校长。马尔多那多的就任促进了乌尔姆造型学院与企业的联合以及学科设置与心理学、符号学、人类学、社会学和人机工程学等领域的有机结合，从而使其设计风格在理性基础上有向人性化设计转变的倾向。

所谓的"人性化设计"综合了产品设计的安全性与社会性，就是要在设计中注重产品内环境的扩展和深化。从根本上说，人性化设计应该是功能主义的，它是在保障产品功能的前提下改进产品的外形设计以达到符合人机工程的一般原理的设计理念。因此，它的出现又是以人机工程学的发展为前提和基础的。例如美国设计师亨利·德雷夫斯（Henry Dreyfess）就坚持设计首先应该考虑的是高度舒适的功能性，设计必须符合人体的基本要求即人机工程学。他在研究和应用的基础上发表了著名的《人体测量》，为设计界在人机工程学方面提供了主要的数据资料。

由意大利佛罗伦萨设计师达尼埃莱·贝迪尼（Daniele Bedini）负责的国际空间站的设计也是如此，无论是床位舱、厨房和起居室、卫生间、衣柜、储存箱的设计，还是空间站的内部照明、宇航员的服装以及舱内的电信、媒体的设计，都运用了人机工程学的原理进行优化设计，而且都注重材料的新型性、节能性和环保性。1996年，威利姆·比尔·斯登夫（Willian Bill Stumph）和顿·恰·维克（Don Chael Wick）共同开发的一种用于办公的座椅，以人的足、膝、腰三个部位为轴心，配合人的坐姿的变换，设置了手动调节装置，以便随时调节坐椅的形态，使之增加座面和靠背对人体的合理、有效的支撑点，采用弹性、透气性和触感均良好的织物绷面，使人感到舒适。坐椅靠背和框架采用强化聚酯，扶手和椅子的腿、支架等部分采用高强度特制铝合金制作，不仅结实耐用，方便组装、拆卸和维修，而且节省资源，有利于回收，不但对人是一种关怀，对环境也体现了深切的关注，实现了人性化设计与绿色设计在功能主义的基础上的统一。这也将成为功能主义在新时代的新的发展趋势。

这一系列的发展都说明设计虽然在不断受到技术的影响，但最后都会回归到人的需求上来。应当冷静看到，功能主义在设计理念中并不是被"淘汰"了，功能主义的核心思想还是"以人为本"，它的理想是设计一个使人类幸福的人造环境，但是当物质化的功能在综合目标的设计过程中被无限放大的时候，设计的平衡就会被打破，从而背离设计的初衷，引发大面积的问题。

不可否定的是，后来的许多设计思想实质上是在功能主义基础上、对新时代新设计课题的新发展，如产品符号学、对环境与生态的关注、寻找可持续发展、以心理学为基础建立新的设计理论等。

2.3.3 共生需求

工业化和高科技的进步带来的生活方式的变化是明显的，同时也直接或间接地造成了环境的急剧恶化，追本溯源，人们发现科技是把双刃剑，资源锐减，生态失衡，生存和发展面临着严重的问题，毁灭似乎已经伴随着灾难成为一触即发的势态。人们开始正视自己一手造成的严峻的现实，重新评判一直奉为信条的城市发展观和建筑意识。在此基础上提出了"可持续"的观点，从城市规划、管理到建筑设计以及景观设计学到产品设计都投入到可持续人居环境的讨论中。对于人类本身是自然系统的一部分的认识开始得到认可，同时也提出建筑作为联系二者之间的主要载体，对于环境的影响起到至关重要的作用，它与其支撑和产生的环境休戚相关。在城市规划和建筑设计中，优先考虑生态、低碳等可持续问题，同时重视更高层次的建筑的资源的合理利用问题，建筑及环境发展应该是"满足当前的需要又不削弱子孙后代满足其需要能力的发展"。1992 年联合国环境和发展大会"里约热内卢宣言"提出的可持续发展思想的基本内涵明确指出可持续的方向。

在这种前提下，专业人士渐渐意识到建筑及其建成环境在人类对自然环境的影响方面扮演着重要角色，在设计实践中会有意识采用符合可持续发展原理的设计，同时对资源和能源的使用效率、对材料的选择等方面进行综合思考，从而使其满足可持续发展原则的要求。生态建筑及生态城市的建设理论，是以自然生态原则为依据，探索人、建筑、自然三者之间的关系，是 21 世纪以来人们对于建筑设计和城市设计发展方向的重新修正和定位，使设计从功能化向系统化智慧化设计演进的认识过程。

生态建筑在实施过程中多集中于绿色技术手段，但是新的技术必然需要一个长期的适应和推广的过程，尤其是在建筑依赖成熟技术和以往经济测算的基础上，人们往往对新技术采取观望的态度。如果一种新技术所产生的短期效益（如投资回报比）并不明显高于传统技术的效益，那么即使它会有更好的长期效益（如低廉的建筑管理与维护费用，长寿命，节约资源等）也很难为人们所接受。在建筑、城市以及社会各方面的任何变革都有可能出现这类问题，特别在我国社会逐步进入市场经济体制的今天，它已成为社会进步的一道门槛。

而对于生态建筑及其技术的前期投入与短期及中长期的效益回报之间的关系

的研究就成为这一技术从理论走向实践时所遇到的难题之一。有人在研究了南美热带雨林的可持续发展战略及其实施效果之后，得出的结论竟然完全出乎意料，在那里采用生态平衡原理保护雨林的做法并不见得比现行的随意砍伐的效果好。在建筑方面，想象中的生态建筑的长期效益并非确定无疑，美国生物圈 2 号实验的中止也说明了工作的复杂性。

　　许多例子表明，新的价值观和行为规范也需要大的系统的观念和系统的方法来控制执行。采用节能设备与材料、无公害材料及各种节约资源的方法不仅仅只是一种修正的措施而应在小到建筑大到城市环境的系统层面上进行审视。生态建筑在经济上的可行性是从大的城市环境角度来进行评价，而不只评价单一的建筑。如果没有明确的智慧化的反馈机制，生态建筑的推广只是局部技术上的推广，它对于大的环境的影响要依赖更科学的方式进行。生态建筑涉及的面很广，是多学科、多工种的交叉，是一门综合性的系统工程，它需要整个社会的重视与参与。它是将人类社会与自然界之间的平衡互动作为发展的基点，将人作为自然的一员来重新认识和界定自己及其人为环境在世界中的位置。生态建筑不是仅靠几位建筑师就可实现，更不是一朝一夕就能完成的，它代表了某种积极的方向，但是建筑师的最终目标还是应该建立在更高层面的人与自然的和谐共生上。生态建筑的目的是处理好人、建筑和自然三者之间的关系，它在微观方面要为使用者创造舒适的空间小环境（即健康宜人的温度、湿度、清洁的空气、好的光环境、声环境及具有长效舒适的灵活开敞的空间等）；同时尽量减小对周围的大环境——自然环境的负面影响。那么对于此类建筑的评价应建立在城市评价系统的环节当中。

　　在这一点上，生态建筑从建筑设计的角度出发主要表现仍然体现在技术层面上：比如利用太阳能等可再生能源替代常规能源，采用自然通风替代机械方式，自然采光与遮阴，改善小气候，采用屋顶及墙面绿化方式，增强空间的变化及灵活适应性采用轻型可拆卸或可循环材料的结构构件等。这些方面在对于技术的需求方面是显见的，不论哪方面都需要多工种的配合，需要结构、设备、园林等工种，建筑物理、建筑材料等学科的通力协作才能得以实现。这其中建筑师起着统领作用，建筑师必须以完整的大局观念，从整体上进行构思。著名的意大利生态建筑师伦佐·匹亚诺一直致力生态建筑的研究，提贝欧文化中心采用气候适应性技术设计并建造适合炎热的当地环境的建筑，位于加利福利尼的加州科学院（图 2-11）则采用可以自循环的可持续建筑技术以减少建筑的能耗。

　　恩格斯指出："自然的历史和人的历史是相互制约的"。因此，建筑师在进行设计时必须要在关注人类社会自身发展的同时，关注并尊重自然规律，绝不能以牺牲地区环境品质和未来发展所需的生态资源为代价，用"向后代借资源"的方式求取局部的利益和发展。在具体实施操作层面上，建筑设计实践应注重把握和

图 2-11 加州科学院

运用自然生态的特点和规律，贯彻建筑和环境整体优先的准则，力图塑造人工环境与自然环境和谐共存的，面向可持续发展的建筑环境的目标是对于现状的一种响应。被动式的绿色建筑设计措施可以在经济和低技术的条件下，不用或者很少用现代的技术手段来达到生态化的目的。然而，此类建筑的节能效率和可持续性都不甚理想，在大量建造的城市型住宅和公建中难以推广，缺乏普适性。

生态建筑在现有的国内经济条件下，总体来说，是需要更多前期费用而利益目标速度又相对较为缓慢的一类项目。另一方面，用于生态设施方面投资所带来的回报在现行的政策条件下并不一定能够使投资商或建设方获取更大的利益，而是在看不见的范围里为使用者和社会所分享，在很长一段时间后，节约能源的价值大于生态建设投资的价值才会逐步显现，这一系列的原因都会阻碍投资方和建设方的决策。从这一点出发，在设计规范和设计体制上建立一套新的价值观和行为规范是当务之急。

共生概念的提出，不仅包括生态建筑，还有绿色建筑、零能建筑、负能耗建筑等都是基于建筑作为人与自然共生的载体而提出的。建筑设计实践更注重对可持续建筑材料的使用，更加关注对于天然光和空气的自然流动，探索零能耗或负能耗建筑的实践。建筑在建造的过程中消耗了大量的资源，如果所使用的建筑材料可降解、可回收，将会大大地减轻环境压力，节约大量的资源。绿色建筑材料将会更多的考虑替代自然资源耗竭型材料，减少对于自然资源的消耗。例如，钢梁是由回收的金属制造而成，除了可以替代木梁，减少砍伐树木，还可以应对不同的气候环境，提供更强的抗力。也有建筑技术科学家致力于研究新型的混凝土材料的可回收性能以及再利用的可能性。

在建筑设计方面，呼吁与环境共呼吸的建筑设计观，提倡各种建筑共生技术的应用，发展共生建筑是对于工业化所带来的不良效应的有效反应。生态建筑、绿色建筑、可持续建筑的提出都是共生技术的方向。

2.3.4　替代技术

美国建筑史学家瑞纳·班海姆（Reyner Banham）对建筑类型学做了进一步研究，但其基点仍然将建筑视为一个封闭的系统。以共生的观点来理解建筑，不仅要考虑生态系统与建筑系统之间能量及物质的输入与输出关系，还要考虑能量和物质是如何在建筑系统内部运行的，以寻求人、建筑、自然三者的相互平衡。杨经文曾指出"建筑设计是能量和物质管理的一种形式，其中地球的能量和物质资源在使用时被设计者组装成一个临时的形式，使用完毕后消失，那些物质材料或者再循环到建成环境中，或是被大自然所吸收"。

我国的城市化进程在高速的运作中必然带来一系列的新问题，对于传统的建筑设计方式也是巨大的挑战。从 20 世纪 90 年代设计快速进入计算机辅助设计之后，设计服务的效率大大提高，设计实践的范围却逐渐缩小，快速更新的新技术使得建筑设计师在快速学习的同时，还要应对快速变化的社会和城市发展的瞬息万变的要求。东西方文化的强烈碰撞和尖锐冲突，对于建筑设计评价的不断改变，在 20 年间发生的对于审美的评判的变化比过去的 100 年还多。建筑师从设计技术的辅助手段中刚刚摆脱出来，掌握通过网络配合的方式来协调建筑、结构、水、暖、电各工种之间的种种问题的同时，又要面临城市大量开发带来的一系列建设问题。低碳技术的提出，城市功能分区的模糊、交通组织的无序、路网结构的不明确性等城市问题也一一摆在建筑设计师的面前。建筑师要面对前期的概念创意，参与或主持单个建筑乃至整个小区的设计全过程，同时又对于建造过程中的问题提出指导性意见。

建筑师和《考工记》中描述的匠人一样，大到城市开发的定位，小到建筑的墙砖规格，都是建筑设计这一系统中所要控制的方方面面。协调、控制并妥善处理大的问题及各个环节，把握细节。在当前技术的更新速度已不是以日计算的时候，设计范围的扩大使得建筑师在全才和通才的道路上愈行愈艰。如何不被技术和评价所左右，如何在"乱花渐欲迷人眼"的层出不穷的新技术面前找到艺术和文化的出路，找到设计的"秩序"，在共性中彰显个性，应对不断出现的复杂问题的挑战，仅靠微观的设计结构模式是不够的，设计已经进入到城市-环境-建筑的系统性分析的过程。

替代技术并不是在绿色技术提出之后才产生的，建筑师们在面对新型的科技的时候常常会有超越时代的思考，在 20 世纪 60 年代的维也纳，两个新生的建筑事务所借助自己对于信息与虚拟媒介天真却深刻的理解将第三，第四机器时代的建筑的宿命暴露在大众面前即 1967 年成立的 Haus-Rucker-Co 与 1968 年成立的蓝天组（Coop Himmelblau）。相比于其他一些欧洲大城市，维也纳在二战中并没有遭受太大的破坏。对于建筑师，这并不是一个好消息。在产生了弗洛伊德的维也纳，建筑师开始用实验性的事件来代替宣言，用对环境体验的创造来探讨对环境改造的替代方案，用奇思异想来对抗建成世界的单调，用介入日常城市来宣告建筑师的在场。1962 年，在伊利诺工学院学习了四年的汉斯·霍莱茵回到了维也纳，他带回了美国关于星际航行与电子通讯媒介的意象，他的美式平民理想与天主教维也纳的仪式传统结合到了一起，事实上构筑起了建立在感官、知觉与身体上的作为整套媒介的建筑。这个建筑，事实上已经是一套帮助人们重新认知这个世界的方法。霍莱茵的思想深刻地影响了蓝天组与 Haus-Rucker-Co。维也纳的新先锋主义青年们打碎了历史上建立起来的对于建筑的所有认知：建筑不必是钢铁与砖石，甚至不必是玻璃或塑料，它仅仅是联系起我们与这个世界，个体与个体之间的媒介，它是我们身体、知觉与驯化的自然之间的桥梁。建筑只跟它的各种环境参数有关，跟它的信息传达有关。正如马克卢汉所说，媒介就是讯息。同 Super studio 对于技术的外部审视不同，维也纳新先锋主义更注重对技术本体的审视与探索，即使这种探索从今天看来是幼稚的。他们的所谓的信息气囊并不真正是由计算机控制的，甚至他们也不掌握任何真正人工智能的技术，然而他们的对于未来世界的实验一直在激励四十年以后所有的先锋建筑师。

理查德·巴克明斯特·富勒（Buckminster Fuller）自称"富有远见的全能设计科学家"。富勒读了勒·柯布西耶（Le Corbusier）《走向新建筑》后深受启发，画出了一系列可爱而稚嫩的草图，把地球描绘成一个"海洋世界城"，外面包裹着一层"空气海洋"，飞机和飞艇逡巡其中。在这片大气之海中伫立的是一座座新型住宅建筑，这种建筑集灯塔、电力塔、飞艇塔和高桅帆船桅楼的特点于一身。1928 年 4 月，富勒已经基本完成了这种新型单户住宅的设计，并向美国专利局申请了专利。不久，他将这种建筑冠以"戴马克松房屋"（dymaxion house）的名称进行推广。Daymaxion 由"活动"（dynamic）、"高效"（maximum）和"离子"（ion）三个词拼接而成，是 1929 年广告人 Waldo Warren 为富勒房屋在芝加哥马歇尔·菲尔德百货商场的展览创造的名字。"戴马克松房屋"参加了很多展览，得到媒体的大量报道（尽管有时是作为嘲笑对象），富勒的名字第一次进入公众视线。这种新生建筑是对传统房屋所有特征的彻底颠覆。它的地板是六边形的，悬挂在张拉索（tensioned cable）组成的网格上，由一中央动力柱支撑。在较早的版本里，地板不是实心的，而是充气式的人造革薄膜。包围房屋主体的也不是墙壁，而是张力更大的张拉索网格，网格表面覆盖绝缘的双层透明材料。浴室、厨房、通讯设备所需能量都将通过标准插口由中央动力柱统一供应。整个房屋能在短时间内大量生产并通过空运或陆路投放世界各地使用，组装起来也非常快捷（过去所谓的"建造"一词将不再适用）。建筑师也不再以单独的个体作为目标客户，而慢慢转向类似工业设计师一样的角色，其作品的广泛传播将大大提高建筑师本人的影响力。

富勒推出戴马克松房屋的同时，勒·柯布西耶正在完成他早期建筑生涯的巅峰之作——巴黎近郊普瓦希的萨伏瓦别墅（Villa Savoye）。而在这两座建筑之间，横亘着20世纪建筑最重要的断层线。1960年，雷纳尔·班汉姆（Reyner Banham）完成了他的著名论文《第一机器时代的理论与设计》（*Theory and Design in the First Machine Age*）。这篇论文与其说是在导师尼古拉斯·佩夫斯纳（Nikolau Pevsner）的指导下完成，不如说在某种程度上是班汉姆对恩师理论的一种反对。他在文中这样描述富勒与柯布西耶之间的对立：勒·柯布西耶代表了一种保守的前卫形式主义，将技术进步融入西方建筑的历史躯壳，并通过建筑形式的转换象征性地对这些进步做出解读；而富勒与此相反，他大胆地直接运用新技术，抛弃了所有历史或形式的既成概念，因此也就能毫不畏惧地迈入超越建筑本身局限的全新领域。

建筑师要做的远不止单纯地"与技术同步"，无论当时还是现在，都有不少人说富勒是环境与可持续发展理论方面的先驱者。在他的《地球飞船操作手册》一书中，大部分内容都为这一说法提供了证据。富勒在书中把他最喜欢的比喻用到了地球上，称为了在工业化的影响下存活下来，我们需要将地球视为一艘统一的、自给自足的航船，穿行于宇宙之中。他认为这艘船的资源有限，我们必须停止过度使用（尤其是化石燃料），避免消费速度超过资源再生速度。为了让工业化进程顺利展开，我们已经从"化石燃料账户"里提走了大量财富，现在必须尽快转向风能、水能和太阳能的开发利用。

对班汉姆及其20世纪60年代的追随者来说，这一对立的政治意味也非常清楚：勒·柯布西耶代表了自我公开的"秩序回归"，而富勒探寻的则是如何彻底改造社会，以更好地维护个人自由。所以，尽管勒·柯布西耶的萨伏瓦别墅也是对传统房屋的彻底颠覆，但那是一种从建筑内部进行的颠覆，其目的显然是避免在建筑领域以外发生更广泛的文化革命。对于勒·柯布西耶著名的最后通牒"建筑或革命"（Architecture or Revolution），富勒的选择似乎是后者；但他背后滴答作响的技术之神又让这一激进目标的配价显得模糊不清：尽管富勒支持权力分散（身体的、职业的、政治的），但他寻求的仍然是一种"秩序回归"，只不过实现途径是技术而非形式。

停滞不前的技术保守派和一味跟风的技术控制派都不是可持续的设计观，因此，考虑将现代的技术恰如其分地运用到常规的建筑设计中去，通常称之为"适宜技术"，也有人将这种只是少量替代的技术运用在建筑上称之为替代建筑。替代建筑表明了建筑师在系列问题的解决中开始回归清醒，寻找属于建筑师的主体性语言。在建筑的构成、原理、演进过程中建构全新的理论框架，引导正确的建筑解读方式，建立全方位的评审系统，解决建筑应对大环境的适应问题是建筑的发展方向。

"适宜技术"通常指具有一定适宜性、普遍性的技术，同时注重对于地域性的研究。从满足基本的人居环境的要求出发，通过"适宜技术"这个设计手段，运用当地的资源，结合适宜的经济技术，从而进行建筑设计来达到可持续发展的目的。适宜技术是站在现有技术角度上对于建筑及其存在的环境的更大层面的关怀，是建筑向系统化理论进行实践的重要一步。

建筑设计从"原生的"向"适宜技术"转变通常有三种手法：一是将传统技术进行改造；二是将先进的技术改革、调整以满足适宜技术的需要；三是进行实验研究，直接效力于适宜技术。

无论哪种方式的适宜技术或替代技术都是对于建筑设计过程中出现的问题的一种尝试，在已建造的城市中，由于经济政治的发展、人理物理的交替影响，国内的城市呈现多形态的发展。建筑师要不断面临变化中的城市设计的先天问题，建筑的新建、扩建的时序性问题，拆迁、改建带来的容积率的压力问题，这些不是采用物质的技术能够解决的问题。从这一角度出发，建筑师在当前所面临的问题主要是解决设计中的动态变化的问题，这一类的适应性问题的解决方式，在管理学和控制学中虽然早有应用，在建筑学科上似乎并没有取得扩大化的进展。

2.3.5 智慧需求

工业革命引发的劳动力的分工，继而产生了更高效的专业生产理念，这一理念的发展改变了手工业时代专门化的过程，使得产品成为不同领域的专业人员共同构思、研发、装配的结果。

建筑的发展也基本遵循这一模式，比如早期的建筑或者居所仅只满足生存需求，比如穴居、巢居等，可以称之为生存建筑；继而物质化的过程，人们开始考虑更高层次的需求，出现彰显阶层和地位及宗教的艺术建筑，建筑的艺术性到达一定的高度，继而出现功能建筑、空间建筑、环境建筑到近当代社会基于人类前瞻考虑的生态建筑，更科技化的智能建筑等等。智能建筑是以计算机技术为核心的建筑业界的热点话题，对于智能建筑的定义却一直有争议，张利在其博士论文《信息时代的建筑与建筑设计》中详细总结了关于智能建筑的歧义和争执，并提出"如果把建筑比作人，那么带有信息化基础设计、实现了内外通信的建筑只是具有部分记忆和附属功能的人，而智能建筑则是一个有脑有神经的、对外部世界能够做出自主反应的人"。那么在这一基础上，智能建筑的概念被扩大化了，不仅仅包括之前所提到的建筑的信息基础设施和建筑自动控制系统，还包括建筑的自适应过程。"从建筑的观念看，替代建筑（alternative architecture）的思想比智能大厦的思想更接近生态环境的需要。替代建筑的原意是在现有的建筑观念无法向着有利生态环境和人类社会生存发展的情况下，用一些新的观念替代原来的，从而造就新的建筑。一般所说的绿色建筑、生态建筑都被纳入到替代建筑的范围中。替代建筑并不刻意追求高技术的应用，而是倾向于选择合用的适宜技术（appropriate technology）"，这里的替代建筑可以理解为建筑智慧化的一种需求。这一过程反映了高度物质化的过程，一方面人们追求高度同质化的生理环境，另一方面又极力追逐最大的个性，在国际化的过程中寻求与众不同的个性的行为。这两种相生相成的模式极类似《周易》对于八卦图的动态诠释。《周易》把世界看成是有基本矛盾关系相互冲突组合成的有上升关系的整体，这个系统观念小至微观世界，大至茫茫宇宙，特别是把人也看成其中的有机组成，提出"天人合一"的思想。道家则强调事物的本源在于运动变化之中，建筑和人作为统一系统的提出则是基于本原智慧的一种回归。但是替代建筑也只是一种形式上的替代品，这个名词的出现似乎也寓意着建筑师们对于现在的所有方向的不确定性，真正的可以让人和自然以相互稳定的发展状态存在的方式似乎应该是更为智慧化的方式。智慧是梵语"般若"（音 bo-re）的意译。佛教谓超越世俗虚幻的认识，达到把握真理的能力。《大智度论》卷四三："般若者，一切诸智慧中最为第一，无上无比无等，更无胜者，穷尽到边。"北齐颜之推《颜氏家训·归心》："万行归空，千门入善，辩才智惠，岂徒《七经》、百氏之博哉？"《敦煌变文集·维摩诘经讲经文》："神通能动於十方，智惠广弘於沙界。"

　　这里的智慧可以解释为是一个质点系统组织结构合理、运行程序优良以及产生的功效比较大的描述。无智慧的质点组合构成某种空间结构，在外力场作用下按一定的时间顺序和方向运动，同样质点数的情况下，系统结构的合理性，内耗与功效的大小决定了系统智慧的高低。结构越合理，内耗越小，功效越大，系统的智慧越高，反之越低。智慧是一个相对概念，并不局限用于人类，任何物体组成的体系都有智慧，只是高低不同。对于建筑而言，这一定义不仅适用，而且可以概括建筑发展过程中的种种困惑。把自然当做大的系统，建筑则是这个大系统中人的最主要的依存方式，从微观方面来说，组成建筑的静态元素，包括构件、管线、设备都具有相应的自稳态系统，同时通过优良的组合使得建筑成为良性循环的自稳态系统。建筑作为一个组织结构合理、运行程序优良的系统，具有最佳或者说最大化的功效和能耗的比值。把这一点当做建筑设计的最高目标，一方面可以避免滑入建筑完全艺术化的倾向，也可以摆脱建筑完全科技化的误区。从建筑、到区域、到城市、到自然，子系统和大系统的环环相扣，子系统和大系统的有效反馈，子系统对于大系统的良性影响，都是智慧化地球所需要的基本条件。地球的智慧化建立在每一部分微小子系统的智慧化的基础上，而建筑设计正是这一智慧化过程的最基本的控制过程。因此，对于建筑、人、自然这一相生相长的大系统而言，建筑需要有和人、和自然相适应的智慧。

从系统的智慧这一视角出发可以发现，系统运动在西方的提出始自 20 世纪，西方学者提出的系统运动，一般从 20 世纪三四十年代开始，现代一般系统论的奠基者贝塔朗菲（Bertalanffy，1901～1972）认为在欧洲哲学中就存在系统的概念，哲学家亚里士多德（Aristoteles，公元前 384～前 322）提出的整体大于局部之和的系统思想是最受贝塔朗菲和其他学者所推崇的。其时东方的系统思想在 3000 多年前就颇具雏形了。与近代自然科学分化研究的思想方法不同，系统的思维方法来自各个学科的综合领域，因此各国对系统的定义也不尽相同。总的来说，系统是把已有学科分枝中的技术有效地组织起来，用以解决综合问题的方法，它不仅涉及科学技术，而且涉及经济、社会、环境等因素，从问题的整体性、综合性着眼，使系统效益达到优化。

一方面，建筑受社会、经济、政策、人的意愿等方面的影响，使用寿命具有不确定性，使用寿命设定为 50 年的建筑在中国有可能在使用 30～40 年就被拆除；另一方面，建筑的全生命周期"从摇篮到坟墓"历经时间长，期间受政策、技术等方面的影响有很强的可变性，应被视为动态系统进行考虑更佳。

建筑生命周期使用阶段影响最大，且历时长、不定因素多、变化性大。为了更加准确的对建筑动态系统进行生命周期评价，2013 年，Collinge 等建立了建筑动态生命周期评价（dynamic life cycle assessment，DLCA）的框架，以期更加真实地反映建筑生命周期环境影响。框架以数学公式表达为：

$$h_t = \sum C_t * B_t * A_t^{-1} * f_t$$

式中，A 是一个技术领域矩阵；B 是生物圈矩阵；C 是一个 CFs 矩阵（表示排放量的影响或其他影响分类干预程度）；t 代表某一时间点的值，而 t_0 和 t_e 分别表示研究的开始与结束点。图 2-12 为 DLCA 框架的解释：

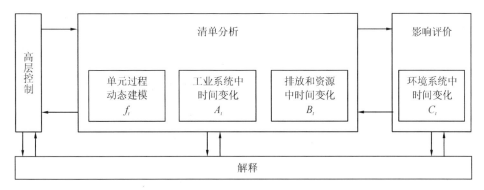

图 2-12　动态生命周期评价（DLCA）框架（Collinge，2013）

研究开发的 DLCA 评价了一座公共建筑的环境影响并预测其未来趋势，设置了两种动态分析时间框架［从建设开始（1971 年）的全生命周期和研究年（2009 年）之后的寿命］，并以一个静态 LCA 作为参考，考虑了多种场景模型。研究结果表明 DLCA 的整个生命周期影响结果与静态 LCA 结果相比变化很大，例如从建筑初始结构视角看，即使不可再生资源使用增加 15%，DLCA 与静态 LCA 就大气污染物类别相关的影响结果相比依然减少 50% 以上。建筑寿命内的变化对结果的影响是不可忽略的，在 LCA 中使用动态建模以增加结果相关性，可以影响建筑设计和使用的相关决策，所以在未来调整 LCA 到一个更动态的方法势在必行。但是目前对建筑动态系统研究还处于初期阶段，未来需要着重于探索研发考虑技术、政策因素和消费者行为的反馈模型，研究结合动态系统模型特征化不确定性与动态、进化的交互作用，LCI 和 LCIA 背景变量以及增加的动态影响因子和 LCI 数据库的动态参数等方面（Collinge，2013）。

　　在以往的所有文献中大都对建筑寿命进行了假设，或为 50 年，或为 75 年。但是在实际使用中由于建筑老化、政策等方面的影响，导致建筑提前被拆除，寿命变短的例子不在少数。对于建筑生命周期的测定也成为建筑研究的一个系统学方向。

　　从历史角度看，系统理论在西方出现是科技发展的必然。一方面，伴随人类技术发展的能源危机，环境污染、生态破坏等各种问题，迫使单一以技术为中心的认识论转向探讨系统的综合效益；另一方面，要使高度发展的单一学科更好地为人类服务，也离不开技术的综合。系统理论着眼于从事物的整体来考察其结构与功能，认为系统是由不同要素组成的有层次的整体，系统的功能大于部分功能的总和，同时系统不是永恒不变的，必须不断变化发展以适应客观环境。系统理论对当代自然科学发展产生了深远影响，在学术上表现为多学科、边缘学科、交叉学科的迅速发展并发挥出巨大优势。在组织管理上表现为单一对技术经济效益的追求转向对经济、社会、环境综合效益的探讨。正是因为系统理论对人们认识论产生的重大影响，20 世纪 50 年代末开始，系统的思想方法渗透到现代建筑设计方法论领域。以中国哲学为出发点的建筑智慧化正是基于这一理论从大系统的角度入手，结合物质和精神本原的需要，更高层次地提出的建筑理论，以避免在高度物质化同时所造成的疏失。

　　1962 年英国皇家建筑学院主办的建筑设计方法学术会议上，莫里斯·爱斯莫（Morris Asm）在题为 Introduction of Design 的文章中将系统的理论引入建筑设计的方法论研究。他认为建筑设计是一个动态过程，包括分析、综合、评价、优化、决策等几方面内容，并以系统观点对各阶段具体工作的相关性作论述。这一点同中国哲学里提出"穷通之变"和"利用出入"的说法不谋而合。20 世纪 60 年代中期为建筑设计方法论的系统化时期，其特点是系统观点在建筑设计研究中的广泛应用，有人又称之为第一代建筑设计方法论。其中琼斯

（Jones）为研究建筑功能构件要素的相互关系提出了设计因素关联矩阵，采用计算机模拟分析方法，以数字之间的逻辑关系揭示对象各构件要素间的功能关系，试图使功能分析定量化。对于没有生活体验的新类型设计，这一模式无疑是有价值的，然而作为通用建筑设计方法，其方法似乎失之于繁琐。这一方法目前仍是基于西方理论的分析方法，探讨了与设计程序相关的问题，将系统论、运筹学引入建筑设计的方法论研究，然而对人的行为、心理及造成这一需求的背景的复杂性考虑不足。

20 世纪 60 年代后期在运用系统方法分析建筑设计方法的基础之上，许多学者将行为科学与心理学成果引入建筑设计领域，人们称之为第二代设计方法论。针对第一代设计方法论将建筑设计绝对量化的倾向，曾特尔认为设计是一个复杂的概念，设计的目标在于改善人们的行为环境，量化分析并不适用于所有建筑。亚历山大认为设计的过程是解决矛盾冲突的过程，人的行为活动具有相关性，因此功能分析的模式并非树状分枝，而是呈一种半联方结构。亚历山大还探讨了文脉（context）与形式的相互关系，认为设计的解答是以适当的形式完成对环境的改造。1988 年勃罗德彭特在《建筑设计与人文科学》就提到了多种设计方法同建筑设计的紧密结合，更全面地阐述了建筑设计的本质与设计方法哲学，他认为建筑设计决定于内因、外因两方面，内因取决于设计者的认知因式、构思能力、意识形态等方面，外因取决于投资与技术手段、法规与功能要求以及人们的审美需求，在不同情况下存在实用设计、意象设计、类比设计、规范设计等方法。台湾王锦堂（1984）也在《建筑设计方法论》中详细介绍了源于 Jones 的著作 *Design methods* 的设计方法论，其中介绍了设计智慧化的倾向。

数个世纪以来，建筑通常都是静止的。如今，建筑对环境或人体形态变化作出反应已经成为可能。第一栋这种建筑是 Jean Nouvel's Institut 的 Monde Arabe 在 1981 至 1987 年建造的，设计了控光表面对自然光的改变作出的自动反应。之后，Tadao Ando 设计的风之塔也能对天气的变化做出反应。

综上所述，建筑的智慧化具体包括，建筑同使用者——人的互动，构成建筑的所有材料都是可变化及可查询的，从来源和产地及生命周期的能耗数据，在建筑设计时采用植入系统使建筑在方案阶段就被赋予有机体的概念，是"活"的智慧化的建筑，建筑从材料表现到空间表达都是开放的，这里的开放是指信息上的开放，使用者可以随时随地地查询所拥有的建筑的墙体寿命、强度、可改变性、空间的温度、湿度、舒适度。人和建筑共同成长，共同维护，类似和森林共生的动物一样。建筑智慧化应该具有以下四个本质特征：开放、共享、适应、变化。

（1）开放。包括设计过程、设计信息及设计过程维护的开放，设计以一种更智慧的方法在开放的平台上取得最大程度的协同工作能力，同时通过"云设计"的方式把建筑设计的过程建立在对于高端科技的最有效利用和对于不同专业的人的智慧的最大程度的结晶上，以避免建成之初就是过时之日的尴尬。开放还包含建筑信息的开放及使用维护过程的透明性，任何人都可以通过自己拥有的"信息房契"随时随地测量、感知、捕获、传递所拥有的建筑信息，同步利用先进技术寻求改变以更快适应或创造新的价值；

（2）共享。共享是在开放设计的基础上更为广泛的一种设计方式，主要指建立建筑技术及设计方法的共享平台，创造全球化及与尖端科技同步的设计环境和人为环境；共享是指制度、规章、程序的及时共享和更新。在全球化的今天，设计需求的更新速度大大加快，如何在高速更新的信息里实现设计到需求的满足是设计急需解决的问题。那么，设计信息的及时更新和共享就成为一种可以采用的有效方式，建立设计、建设、使用三方共享并可及时更新的设计程序应该是设计工作实现可控化目标的基础。

（3）适应。建筑设计的过程是一个动态的过程，建筑的生命周期也应是适应的过程，建筑的开放和共享的信息化平台使得建筑作为人的智慧的凝结体，具有自我认知和自我描述功能，在适当的时候通过"信息房契"提醒使用者进行必要的维护、改建和修缮，以便更好适应人的变化需求；在以上所述的开放和共享的平台上进一步达到自适应；建筑的使用周期内的维护也应以设计原则为指导，以智慧化为方向，保持建筑的稳态运行。在青岛有许多由德国建筑师设计的建筑，设计之初就已经考虑到在建筑的使用周期内可能发生的各种维护，例如，青岛原德国租借区的下水道在高效率地使用了百余年后，一些零件需要更换，但当年的公司早已不复存在。一家德国企业发来一封电子邮件，说根据德国企业的施工标准，在老化零件周边 3m 范围内，可以找到存放备件的小仓库。城建公司在下水道里找到了小仓库，里面全是用油布包好的备用件，依旧光亮如新。美丽的济南老火车站是德国著名建筑师赫尔曼·菲舍尔设计的一座典型的德式车站建筑（图 2-13）。赫尔曼·菲舍尔的儿子每年带专家人员来济南免费检修，它曾是亚洲最大的火车站，世界上唯一的哥特式建筑群落车站。1992 年在市民和学者的强烈反对声中老车站还是被拆掉了。如果在大量被拆迁的旧建筑上采用功能活化的适应性方法，也许可以避免更大程度的物质和精神的浪费。

（4）变化。建筑以更加精细和动态的方式运作和生活，达到智慧的状态。包括以下几个方面：①敏锐的感知；②快速的反馈；③与使用者共同适时的生长；④生命周期的自维护和衰减后的信息传承。所谓生态建筑，就是将建筑看成一个生态系统，本质就是能将数量巨大的人口整合居住在一个超级建筑中，通过组织（设计）建筑内外空间中的各种物态因素，使物质、能源在建筑生态系统内部有秩序地循环转换，获得一种高效、低耗、无废、无污、生态平衡的建筑环境。所谓生态建筑，是根据当地的自然生态环境，运用生态学、建筑技术科学的基本原理和现代科学技术手段等，合理安排并组织建筑与其他相关因素之间的关系，使建筑和环境之间成为一个有机的结合体,同时具有良好的室内气候条件和较强的生物气候调节能力,以满足人们居住生活的环境舒适,使人、建筑与自然生态环境之间形成一个良性循环系统。

图 2-13 济南老火车站(肖国忠,1990)

第 3 章　系统化构建

3.1　理性框架

从系统学的角度而言，可以把地球视为一个人们可感知的最外层的系统，依次收缩则是国家、城镇、住区、住宅直至居室（图 3-1）。这一系列的系统层次拥有各自的信息、能量和材料，构成这些系统的组织有着运动的脉络。这些构件要素、组织、脉络的关系形成了层级递进的复杂系统。系统之间相互影响，又具有各自独立的功能、组织和可调节性。建筑本身又包括结构系统、维护系统、设备系统和其他许多系统。

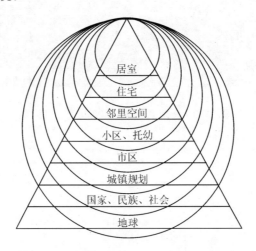

图 3-1　系统的整体性和渐进性层次示意图

建筑构件的复杂性和设计过程的可变性都使得研究人员集中于把建筑当作系统来研究。建筑的系统组成是明确的，但在此强调的是把建筑设计实践过程视为一个系统来研究。本书 1.3.2 小节已述及，影响建筑设计过程的要素可分为静态要素、动态要素和半动态要素三类。

静态要素是指在建筑设计实践过程中，某一段时间内基本不发生质的变化的构件要素；动态要素是指在使用期间不断发生变化的构件要素；半动态要素则是指与时代、经济和科技发展相关的变化规律有一定共性的构件要素。

西汉刘安《淮南子·齐俗训》："夫圣人之断削物也，剖之判之，离之散之，已淫已失，复揆以一。既出其根，复归其门，已雕已琢，还返于朴。"也就是说，在分解的时候就需要建立系统整体的观念,并一以贯之,从过程到成果的变化过程都能使所有的构件要素及其连接保持高度的统一性。因此在设计的过程中对于影响设计的构件要素的分解就显得尤为重要。

静态构件要素可分为三大层次:①和自然条件相关的设计因素,在很长一段时间内基本不会发生太大的变化,尤其是在建筑本身的物质生命周期内,其变化是可以定量分析的;②基于人的生理特征的设计构件要素,这类构件要素会在不同的年龄层发生微小的变化,但基本还是可以定量研究的;③与结构、材料、技术相关的建构构件要素,主要指建筑结构中承重体系的部分,这类构件要素在建筑的全生命周期内由于稳定性和耐久性的要求,变化的可能性不大,均可以量化。

动态构件要素则可以概括为:①随着社会生产力进步而对建筑设计产生影响的设计构件要素;②随着人们生活方式和需求的变化而对建筑设计产生影响的设计构件要素;③不同心理需求对建筑设计产生影响的设计构件要素。

半动态构件要素则主要是指与人文相关的构件要素。人文环境会随动态构件要素的变化而变化,同时又会反过来影响建筑设计的需求和目标。地域、环境、民族、历史以及习俗因素的影响会有一定的共性,但是这种共性也不是一成不变的,只是变化的速度较之动态因素而言比较缓慢,且有一定的滞后性和漫延性,往往可以表现为整个区域的建筑现象,因此它是可以研究和归类的。

建筑设计的系统化是一个比较复杂的过程,静态因素也不是一成不变的,只不过可以限定一定的时间节点。比如,动态因素和半动态因素互相影响的同时,就会对静态因素中的连接方式、材料和运输等造成影响。

如何把握建筑设计中因素之间互相影响的关系是较长一段时间内设计方法论探讨的重点。前文说到建筑设计的最终评定目标以及本原都是集中在建筑设计的适应性以及过程的可变性,即智慧化的过程,智慧化的过程首先基于建筑设计实践过程的系统化研究。系统的科学意义在于对元素做出有效合理的分级,并提取它们之间的关系,对模糊的过程进行优化、控制,开展结构分析、数字分析或者模型模拟分析等。这一过程可以在建筑设计中予以应用、实验,从而分析出,在建筑设计发展过程中哪些是制约动态变化的静态因素,哪些是开放性的静态因素,进而为建筑设计的智慧化过程研究搭建理论框架。

以建筑设计实践过程作为研究对象来分析设计过程中的构件要素、结构关系及形成的信息结果,则建筑设计实践的过程通常有两种倾向:一种是把建筑设计实践过程作为可固定模式的方法论来研究;另一种是把设计实践作为灵感创造的自由活动来定义。前者认为建筑可以直接借助已成形的系统成果来避免设计过程中的不客观性;后者则认为建筑设计是难以分析的,不仅涉及的问题不存在唯一的答案,而且没有可以控制的解决方法,而且其设计的策略也是不可复制的。

2010年，理查德·布鲁斯南在其《发现设计——设计研究探讨》中谈到"设计思维中具有不确定性和确定性相互交织的关系。为设计而探索科学原理的意义，不在于把设计简化为某种科学……而在于把设计艺术和科学的、有用的知识联系综合在一起。"在设计方法的确定和不确定性之间寻找平衡，对于前文所说的建筑实践和教育都有积极的意义。

因此，设计行为的复杂性在两方面都有广泛而普遍的讨论，诸多的讨论也逐渐靠近这样的认知：建筑设计过程是一个系统的概念即满足本我及自我需求的建筑构件的复杂结构关系的集合。这一集合的包容性、整体性、协调性、适应性、灵活性共同构成建筑智慧化设计体系的内涵。作为系统的基本特征是可表述的空间关系、相互间的组织结构关系以及可定义的构成构件要素，这三个层级可以作为智慧化设计系统的基本框架。本书依次从设计的维度及影响机制分别进行阐述。

3.1.1　设计系统的维度

要掌握基于成熟语言的建筑设计方法，在掌握材料和构造这两样语言和句法的同时，还要进一步分析设计策略。设计策略分析主要采用系统方法论针对建筑功能的决定性因素及决策性因素开展定量和定性分析。由此而论，建构因素分解和过程分析就成为建筑学教育和职业建筑师继续教育中的主要方面。根据影响建筑设计实践过程的构件要素在过程中扮演的角色对其加以分类，并以系统论的方法给要素添加影响因子及其权重，从而形成建筑设计的完整系统，进而确定其每一子系统的预定功能及目标，使得各个组成元素之间以及元素与系统整体之间有机联系、协调配合，最终实现建筑设计实践过程不断自动优化的目标。

信息系统中关于信息的描述有三个维度：一是内容，要求完整、准确而具有相关性；二是时间，要求及时和新颖；三是呈现形式。这三个维度不是绝对孤立的，它们之间互相影响、制约或促进。在分析架构的时候需要同时考虑到这三个维度，这样有助于设计出更加优秀的架构。

基于此，建筑设计实践过程的信息系统也可以分解为三个维度：**组织维度（内容），控制维度（时间）和信息技术维度（形式）**。通过这三个维度，建筑设计师可以更加全面地认知信息系统，应对在设计实践过程中的各种挑战，并寻找复杂设计过程中的有效价值。这种全面的认知可被称为信息系统基本素养（information systems literacy）。因此，信息系统不只是计算机计算的过程，还包括更大层面上的管理过程。

建筑设计实践过程的组织维度包含几个基本要素：**人员，结构，设计流程，组织策略和组织文化等**。组织由不同的层级和专门化领域构成，设计分工清晰明确。其中人员组织是有等级和分类的，其主要由项目负责人、工种负责人和绘图员三个层级组成。设备工程师和技术提供者或相关员工通常可归入工种负责人一类。信息系统为设计合作中的每个层级提供服务。

建筑设计实践过程有基本的控制维度。控制层的工作是认清当下和未来组织所处的各种境况，并做出决策、制定和实施针对性行动方案来解决问题。控制维度的人员在各个组织和不同时间里都会出现并有不同的分工。

信息技术维度在建筑设计实践系统分析里占主导的地位。信息技术是设计实践过程控制者应对变革的众多工具之一，包括计算机硬件、软件、数据管理技术、网络与电信技术、互联网技术和所需的操作管理人员等，他们共同构成可供整个组织共享的资源库，并完成搭建企业构架具体信息系统的基石与平台——信息技术基础设施（information technology infrastructure）。

换一个角度，对最外层的宇宙系统引入维度概念，这既有传统的维度的结构意义，又有控制科学的意义。维度体现了元素之间互相影响、互相合作的性质，因此其定义应当具备一些基本特征，即每一维度都具有两种性质并可以将他们合为一个整体，在运行的过程中互相合作、同步变化。以下从地理、地址等角度来谈建筑设计中的维度。

第一个维度是**地理上的绝对平面维度**，如坐标、位置、前后、左右等平面维度概念。这些方位的构成是以数字来描述的，一系列的数字确定了某一方案在地理上的独特性。设计实践最早要明确的就是这个维度，具体可以通过绝对坐标体系来呈现。

第二个维度是**以人为坐标的相对平面维度**。在绝对的数据化的坐标纳入到设计实践的思维过程之后，只有加入人的概念，才存在设计的目标问题。从人的概念上讲，维度是相对的前与后，这里的前后在设计的实践研究过程中又包含更多层次的细颗粒的子维度，如入口和出口、拒绝进入和导向进入等。

第三个维度是**纵向维度**，如上下。上下包含标高、高度，所处的相对位置、材料本身的厚度和纵向连接尺寸等概念及数据。

第四个维度是**时间维度**。时间是用来描述系统变化的，时间的变化会影响到前三个维度。人在时间变化过程中的行动是典型的动态数据，不同时间使用者的位置、数量和构成均会对建筑的使用产生影响，材料的时间性特征也会对使用者的感知产生影响，如人们会觉得旧的、经过岁月打磨的木质材料更温暖，而新的、光滑的金属或玻璃材料则给人以远离或者冷冰冰的感觉。

第五个维度是**空间维度**，如实和虚。空间的虚无法触摸，但可以使用。反之，空间的实体可以触摸，但实体形成了空间占据，是人所不能使用的。正是空间的这种构成方式，形成了整体的建筑。

第六个维度是**个体维度**，按照使用者的特征来分类。如性别、年龄、文化背景、学识学历、生长环境等，都对人对于建筑物的使用方式有着不同程度的影响。这个分类涉及社会学、心理学、人类学的内容，是一个庞大的数据库。使用者对于建筑的空间使用方式会随着年龄、修养、生活历练的变化而改变，使用者个体也是动态变化的因素。

第七个维度是**外环境维度**，指的是建筑周围或建筑与建筑之间的环境。它是以建筑构筑空间的方式从人的周围环境中进一步界定而形成的特定环境。外环境包含了物理性、地理性、心理性、行为性等各个层面。同时，它又是一个以人为主体的有生物环境，其领域之中的自然环境、人工环境、社会环境是它的重要组成部分。建筑外环境中的光线、日照、朝向、阴影、噪声等与建筑性能有关的因素的形成在建筑设计实践过程中动态变化，但可以分析，它具有长期性、复杂性和不确定性等特征。

第八个维度是**内环境维度**，包括建筑的室内空气品质、室内热湿与气流环境、室内声环境、光环境等与使用者舒适度有关的因素。

第九个维度是**技术经济维度**，是建筑全生命周期内关于建设项目在技术经济方面的计划、决策、实施、分析、评估等活动，大部分是可以定量的因素。

建筑是人造物，同时也创造供人使用的空间。从建筑设计实践的过程及建筑全生命周期的角度出发，从人的本我、自我、超我需求三个角度入手，建筑设计的系统维度可以分为基于本我需求的生理构件要素维度、基于自我需求的结构关系组织维度以及基于超我需求的空间语法维度。

由此可以采用三维结构的并行系统来考虑设计的过程。一是基于本我需求的生理构件要素维度，把空间尺度及生理舒适度作为考量因素，只研究建筑设计过程中的可定量分析的物质因素，主要依据为经验值及相关的规范规定。二是基于自我需求的结构关系组织维度，分析建筑设计周期中影响建筑功能的可定性分析的人文因素，主要依据类型学的分析方法确定建筑的基本功能需求。三是基于超我需求的空间语法维度，主要分析建筑全生命周期中的动态变化因素。依据系统的方法研究建筑设计中难以把握的精神需求因素及其所引起的变化，以满足使用者（人）随时间变化的对建筑的动态精神需求，使建筑达到人与自然的真正契合。

3.1.2　关键影响因素和影响机制

建筑设计的功能、形式、空间组合在外在表现上都可以从前文提到的静态、动态和半动态三个维度来分析，每一维度又由更多的构件要素组成，这些构件要素又有或多或少的相关性，这种相关性可以称之为结构关系。维度的分析有助于将设计过程纳入系统分析方法之中。但是建筑设计实践由于涉及的维度比较复杂而且是动态变化的，其过程是一个较为复杂的大系统过程，因此这里借用大系统理论和生态系统理论作为分析工具。

所谓大系统，与一般系统有着不同的特性，包括：大型性、复杂性、动态性、不确定性、人为因素性、等级层次性、信息结构能通性等。这些特性建筑设计实践系统也都具备。而大系统理论则是指大系统分析、设计、自动控制和整体最优的理论，是现代控制理论的一个重要研领域。

大系统理论的基本内容可以概括为两个方面：一是大系统分析，是出于评价和改善评估的目的对已有大系统开展的定性和定量结合、静态和动态结合的系统化分析和研究。二是大系统综合，是出于解决大系统的最优设计、控制和管理问题针对待建或改建的大系统开展的规划决策与方案设计，制订协调计划与组织管理制度等。"分析"与"综合"是相辅相成的，前者为后者提供依据，后者又为前者提出问题。

在方法层面，以数学为基础，控制理论与运筹学相结合，产生出大系统理论中的代表性方法，即"分解协调"，也就是将复杂大问题分化为若干个简单小问题。在此基础上的合理控制方式是集中控制与分散控制相统一，称为递阶控制，主要存在三种类型的控制方式：多级递阶控制、多层递阶控制和多段递阶控制。

多级递阶控制是将大系统按照对象过程的结构特征分解为多个小系统，并以决策权力划分对应等级。同级内的控制中心相互独立，上一级则向下一级发送指令，控制过程中信息主要在上下级之间传送。图 3-2 表示了一个三级递阶控制系统。

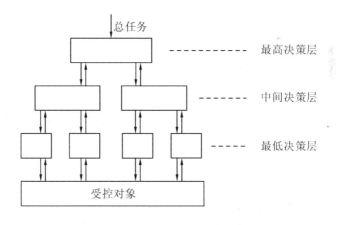

图 3-2　三级递阶控制系统示例

多层递阶控制是将大系统按任务或功能分为高中低多个层次，层次越高，应对的扰动越缓慢，也较为不频繁。层次之间有分工的概念，又有领导与被领导的关系。建筑设计中，前期规划的任务、较大范围的居住环境目标就属于慢扰动；而单体户型的控制，需对付短期扰动。图 3-3 是一个二层递阶控制系统的示例图。

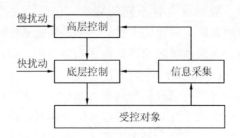

图 3-3　二层递阶控制系统示例

多段递阶控制则是将大系统按照时序拆分为若干段，每一个段成为一个小系统，段与段衔接协调控制。分段控制级与协调级之间有纵向信息联系，又通过协调级形成横向信息联系，如图 3-4 所示。

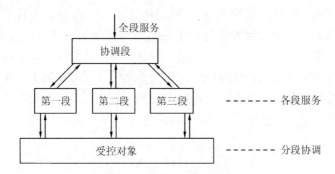

图 3-4　三段递阶控制系统示例

递阶控制结构中既有较低层级上多个平行的控制中心的分散控制，又有较高层级上的集中控制。根据自身特征，有些受控过程或受控对象可按控制任务分为几个部分，并分别将其分配给不同的控制器，各自独立完成任务（图 3-5）。分散控制器仅能获取系统内与自身相关的部分信息，对大系统施加有限的、独立的影响，它们之间可能部分有沟通，也可能全无沟通。实际上，在很多建筑设计实践中，各工种系统就是由相应工种负责人分别独立控制和完成，技术意义上这是一种完全的分散控制方式。

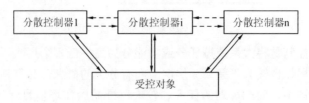

图 3-5　纯分散控制系统示例

完全分散控制的大系统不是不需要协调，而是不通过专设的协调级来协调，因而如何协调是一个很重要的问题。信息分散化、控制分散化是大系统中的一个重要类型。建筑设计过程本身就是一个不完全分散和多层递阶的大系统，从控制论的角度去理解和实践建筑设计过程中的关键影响因素和机制，是非常重要的。

心理学家布朗芬布伦纳在其生态理论模型中将人生活于其中并与之相互作用的不断变化的环境称为行为系统。该系统分为四个层次，由小到大分别是：微系统、中系统、外系统和宏系统。

环境层次的最里层是微系统，指个体活动和交往的直接环境，这个环境是不断变化和发展的。第二个环境层次是中间系统，是指各微系统之间的联系或相互关系。布朗芬布伦纳认为，如果微系统之间有较强的积极地联系，个体的发展可能实现最优化。相反，微系统间的非积极地联系会产生消极的后果。第三个环境层次是外层系统，是指那些并未直接参与但却对他们的发展产生影响的系统。第四个环境系统是宏系统，指的是存在于以上三个系统中的文化、亚文化和社会环境。宏系统实际上是一个广阔的意识形态。在不同文化中这些观念是不同的，但是这些观念存在于微系统、中系统和外系统中，直接或间接地影响人的成长经验的获得。可以按照人生活的环境把这四个层次对应相同的建筑环境，室内、建筑、区域以及城市等等。

布朗芬布伦纳的模型还包括了时间维度，或称作历时系统。把时间作为研究个体成长中心理变化的参照体系。生存的微观系统环境不断在发生变化。引起环境变化的可能是外部因素，也可能是人自己的因素。因为人有主观能动性，可以自由地选择环境，而对环境的选择是随着时间不断推移、个体知识经验不断积累的结果。布朗芬布伦纳将这种环境的变化称为"生态转变"，每次转变都是个体人生发展的一个阶段，如升学、结婚、退休等。而布朗芬布伦纳提出的时间系统关注的正是人生的每一个转折点。

受布朗芬布伦纳的影响，以后的研究者也都将精力投注于对环境的研究，生态系统理论中的四个系统之间存在千丝万缕的联系。对环境影响的详细分析，强调发展的动态性。布朗芬布伦纳生态系统理论将时间维度作为研究个体成长中心理变化的参照体系，认为时间系统的最简单形式是关注相应的转折点。这与以往发展心理学家所说的"时间"是不同的，以往心理学家关注的是随着时间的变化对人发展的影响，是连续性的。连续性的变化不容易追踪，断点式的变化有助于建立理想模型。采取哪一种方法还取决于建筑设计的动态变化受时间的影响程度，需要通过更多的数据来进行反馈和实验。布朗芬布伦纳的生态发展观进一步扩大了"环境"的概念，将环境看作一个不断变化发展的动态过程，突破了以往研究中对环境的限定的局限性。

建筑的复杂性在于构件要素之间互相影响，同时结构关系又较为复杂。所以借鉴大系统理论中"分解协调"的方法，将关键影响因素不断分解划小到最细粒度，同时应用生态系统理论中的联系和影响的分析，去理解和寻求关键影响因素及其影响机制。

就建筑的外在形式来说，形式作为人所能看到的建筑物的表象，又是限定空间的关系组成，并通过空间组成产生功能。这就使得建筑设计这一系统不是线性的推导过程，而是非线性的多因素的影响过程。这一过程需要借助系统的方法予以整理，在此基础上，进一步通过归类分析研究建筑设计过程中的影响因素，不仅研究建筑的功能、技术、经济以及施工对于设计产生影响的因素，还要讨论这些构件要素相互之间的结构关系，构件要素受动态构件要素影响的变化、结构关系受动态构件要素影响的变化等。前文提到建筑的功能是随着社会的变化而变化的，但是其中静态的影响因素在很长一段时期内不会有太大的变化。如果拿20 世纪 80 年代末期的住宅形式与当前住宅户型作对比，就会发现满足和需求的矛盾主要是出现在人的家庭构成和社会生活方式发生变化的时候。期间，住宅的主要空间的基本内容没有发生太大的变化，除了户型本身面积的差异之外，最主要的变化是厅的大小、位置和活动空间的变化（图 3-6 和图 3-7）。户型的变化说明人们对于室内生活的舒适性要求的提高。社会的运转方式决定了人的生活方式，进而决定了人们对于生活和工作空间的要求的改变，这种渐进的变化引发了需求和满足的矛盾。某种程度上，原有的居室可以满足人的生理需求，可是当有进一步的功能要求时，原有的结构和墙体限制了这种改变。由于设计的定型化和对于时间变化、需求变化带来的影响考虑不足，带来了大量不必要的拆迁。如果以家庭组织为单元进行考虑，对于住宅建筑的内部分割只进行到每户，户内的功能区隔采用轻质或可滑动的隔墙等灵活方式来实现，拆迁的建筑将会大大减少，

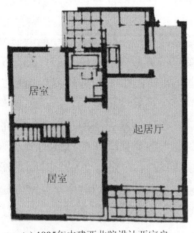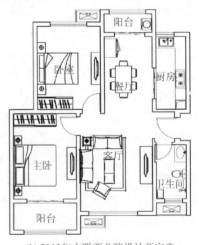

(a) 1985年中建西北院设计两室户　　　　(b) 2012年中联西北院设计两室户
(北京市建筑设计院，1985)

图 3-6　两室户

取而代之的是有延续性的维护和改装。办公建筑也存在同样的问题，已有大量建筑师在实践过程中尝试把办公建筑依照我国的大、中、小型企业进行分类，按类别提取相同的功能因子，建立灵活可变的办公单元。这都不失为对于建筑设计朝向智慧化演进的一种尝试。

(a) 1985年中建西北院设计三室户
(北京市建筑设计院，1985)

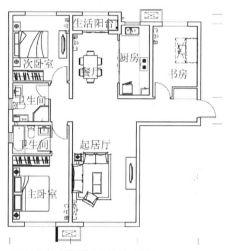

(b) 2013年中联西北院设计三室户

图 3-7　三室户

　　总之，在智慧化的建筑设计过程中，非常有必要讨论相关因素的定性及定量关系，在因素间寻找对应于不同设计性质的关键影响因素。具体动作包括：对每一维度的设计层次进行分析，建立属于某类建筑的独有的系统化设计模式，分析设计层次中的构件要素及其关系，确定关键影响因素，理清连接构件要素的建筑结构关系，确定结构关系变化的方向，建构基本空间层次，研究构件要素、结构关系的影响机制，以及制约动态变化的影响机制所在等。

3.1.3　框架解释

　　建筑作为独立的整体，在外界条件发生变化时应该具备基本的稳定不变的内环境以满足人抵御恶劣自然条件的变化，这是建筑之所以区别于自然的庇护物的基本条件。随着功能需求的细化和人的需求模式的变化，建筑作为人赖以生存的环境空间在其生命周期内保持相对的稳态是设计研究的重点，也是建筑智慧化系统框架的立足点。19 世纪末和 20 世纪初，法国生理学家贝纳德发现，一切生命组织都有一个奇妙的共性，生命体的内环境在外界条件发生改变时可以维持稳定不变，有机体作为一个整体具有稳态，这成为自由和独立生命的条件。20 世纪30 年代，美国生理学家坎农再次提出生命系统的稳态概念。生命体要应对不断变化的外部条件，本身又处在不断磨损、裂解、修复甚至重建的过程中，在其生命周期内始终保持内环境平衡。这种平衡是建立在快速的变化和反馈基础上的。有机体建立一套有效的系统，当外环境变化时，自身能够迅速发生一系列反应，使机体可以保持在恒定的状态。这种内稳态是任何组织系统的共性，小到一个单体建筑，大到无数个单体建筑构成的城市空间，都可称之为一个完整的组织系统。前文述及的生态建筑就是对于内稳态建筑的基本诉求，规划合理的城市在一定时间段内可以抵抗来自外界的变化而不至于崩溃，在灾难来临之前可以快速反应，在灾难发生之后可以迅速反馈、修复、重建使伤害降至最低，这都是一种内稳态组织的表层表现（图 3-8）。

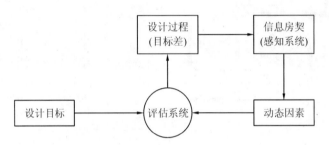

图 3-8　建筑智慧化设计系统框架示意

　　适应性正是有机体才具有的特性，今天提出建筑应具有适应性，也正是基于把建筑看作人与自然之间的联系的必需的有机体而言。早在 19 世纪，建筑师赖特就提出有机建筑的概念，赖特的有机建筑考虑到与自然的融合和适应，通过体量组合、光线引入、流动空间等系列手法来强化建筑的适应性。

　　坎农用科学的语言指出，适应性实际是一种有效的学习机制，或者说是一种抗干扰机制。坎农同时也把这种机制称之为"智慧"。实际上建筑的智慧在当今的一些实践中已经达到了部分的应用，比如对于室内温度的调节，室内温度受到外界的影响包括许多方面，室外温度、风速、湿度、室内材料的导热系数、人数的多少等等，需要经过复杂的计算才可以使室温维持在恒定的温度。但是如果建立负反馈机制，只需设置一个温度感应器，通过温度感应器来控制和调节其他和温度相关的因素或构件，就可以达到内部的一个稳态。然而，建筑的影响因素太过复杂，而且建筑作为人造的最大型的无机物，人们往往忽略或者避开考虑它的整体适应性，而只是从某一方面进行调节。要使这种适应性在建筑中得到最大程度的体现，达到真正的智慧化模式，建筑研究的框架就必须突破以往的分析模式。

　　适应性主要是针对可变的影响因子而言。从这一角度入手，将影响建筑设计的因素分为可变和不可变两类，也就是动态和静态因素，然后对静态因素进行有效的归纳整理，同时提取动态因素及其变化特征，并研究动态因素的变化结构关系，建立可变化的动态模型。

3.2 系统的层次

3.2.1 作用与价值

智慧化建筑设计方法的系统组织层次的确定是对于建筑设计过程的整体性阐述。设计任务的复杂性和设计构件的复杂性常常使研究者陷入科学和艺术的争端。依照设计的本原，以人的需求为层次梳理设计的维度，可以在研究过程中保证设计的方向性，保持技术的产品和艺术的方法之间的动态平衡。这样，既避免了过于技术化的倾向导致人本位需求的丧失，又避免了过于个人化的倾向导致建筑基本功能意义的缺位。

建筑智慧化系统的层次可以使设计在保证技术同步的基础上，运用最新的科技，包括材料、结构和设计手段来保证静态因素的基本满足。水晶宫是第一个使用这种集成化方法建造的建筑，它使用了标准的零件、模数窗框、大工业生产和轻型的建造技术。项目过程的创造性、技术和构件之间的动态关系使得这一设计成为快速利用最新技术达到高度艺术化的系统建筑的佐证。因此，在技术发展呈加速状态的当代，确定设计的目标是在静态因素不变的情况下调节动态因素，或者使动态因素进行自调节以达到系统的内稳态，从而满足人的不同层次、不同阶段的需要。从建筑设计由简单到复杂的过程确立组织的层次，在层次的维度下进行深入的研究和分析，才能使稳态系统得以实现。

建筑设计的层次由以下三方面构成：满足生理需求的基本构件要素，包括结构构件、构造构件、内外表皮等；满足进一步功能要求的构件要素之间的结构关系组成，包括流线、连接、关系、对位等；满足综合平衡需求的由构件要素和结构关系组成的空间语法关系（图 3-9）。这三个层次决定了设计过程由简到繁的系统性，同时三者结合形成完整的建筑系统。当然，这种分类只是为了简化建筑设计过程而进行的笼统分类，但也足以概括现行建筑设计中的影响因素的范围。如果深入的研究，需要对每一类建筑进行重新界定和分类，形成有效而庞大的数据库来支持进一步的研究。

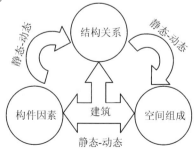

图 3-9 建筑智慧化设计的层次及其关联

3.2.2　层次的划分

建筑设计方法系统组织通过系统的由繁入简的方式来实现，三个层次之间是不可分割的，都是建筑整体的组成部分。构件要素可以满足以人的行为模式为基础的调整性的要求，结构关系作为构件要素之间的转换规则而存在，通过结构关系所组织的构件要素形成的空间是构成建筑整体的核心层次。建筑的智慧化设计过程主要是为了解决设计中悬而未决的问题而采用的，设计的方法有很多种，系统化的方法并不是唯一合理的解决方法，但是作为一种手段，系统化的方法可以有效地解决前期资料到终期目标的过程问题。人们常常把方案确定之前的沟通工作称之为计划、规划或者前期策划。无论划分阶段和工作内容如何，这个过程都是为了方案决策定案做准备的。这是一个系统进行的由收集资料到发展再到决策的程序。而方案的定案在建筑设计的过程中是极其重要的一个部分，在整个设计程序的执行中起到 60% 的重要影响。因此，方案前期的工作主要是解决目前所拥有的条件和最终达成的目标之间的偏差或者干扰的问题。干扰经过调整成为正向的影响因素，并在因素之间建立有效的联系关系，称之为结构关系。建筑的空间正是由这些复杂的因素和连接所组成。

目前所拥有的条件构成方案设计前期的设计影响因素，主要集中在基于规划条件的给定的静态因素上，随着分析的深入，动态因素的增加，建筑设计方案的变数就逐渐加大，对于合理方案的选择就成为前期需要解决的主要问题，而系统的方法可以使得过程连续、渐进，并不断反馈，调整进程（图 3-10）。

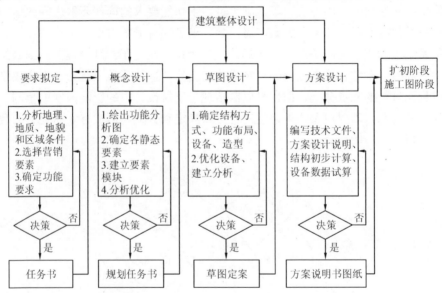

图 3-10　建筑智慧化设计决策阶段模型框图

这三个层次采用皮亚杰的结构主义定义三大原则来划分：结构的整体性；结构各个部分必须满足转换规则；人和结构都具有自身的调整性。如前所述，构件要素的系统性决定了建筑设计硬件构成的可完成性，水晶宫是以静态因素为控制构件要素，以技术手段为结构关系组织的建筑系统。高层复杂建筑体系的出现对系统的控制提出了更高的要求。最为典型的是建筑综合体，综合体包括公寓、办公、娱乐、商业甚至较大的开放性公共空间，对于这种功能繁多的建筑物，如何处理构件要素也许已经不是最大的问题，构件要素间的结构关系以及由此产生的空间语法才是关键问题。建筑师、使用者和开发商对于构件要素的权重值选择会有很大的差异，这种差异对于设计的发展方向有极大的影响。因此理清系统的组织层次，确定可以定量的构件要素，减少结构关系的复杂性，对于设计的发展过程有重要意义。

3.2.3 要素与层次的关系

建筑设计的影响构件要素分为静态构件要素和动态构件要素两个方面，构件要素之间的关系及其变化构成了组成基本空间的结构关系。构件要素相当于建筑语言的中的词汇，结构关系相当于建筑语言中的句法，空间的组合则相当于建筑语言中的语法。系统地研究问题就必须明确系统中构件要素哪些是关键性的，关键构件要素之间的结构关系是否明确。当然，对于不同性质的建筑，其关键影响因素也不尽相同，这一点正是研究可以纵向延伸的方向所在。这里只就建筑的共性进行梳理，建立简单明确的概念化思路，以为下一步深入研究提供基础。

构件要素、结构关系和空间这三大层次构成了建筑设计的基本层次。以表 3-1～表 3-3 说明建筑设计常规过程的影响因素和结构关系。

表 3-1 建筑影响静态构件要素分类及权重表

一级指标	二级指标	序号	底层指标	备注	影响方向
静态构件要素	结构	J1	强度	性能需求	正向
		J2	受力方式		正向
		J3	耐久性		正向
	施工	J4	维修频率		
		J5	耐火等级		正向
		J6	加工难易		
	构造	J7	重量	物理需求	
		J8	密度		
		J9	防潮性		正向
		J10	隔热		正向
		J11	保温		正向
		J12	隔声		正向
		J13	防水		正向

续表

一级指标	二级指标	序号	底层指标	备注	影响方向
静态构件要素	内部系统	J14	装饰		正向
		J15	色彩		正向
		J16	形状	视觉需求	正向
		J17	大小		正向
		J18	位置		正向
	外部系统	J19	通风		正向
		J20	湿度		正向
		J21	采光	生理需求	正向
		J22	照明		正向
		J23	朝向		正向

表 3-2　建筑影响动态构件要素分类及权重表

一级指标	二级指标	序号	底层指标	备注	影响方向
动态构件要素	建筑设计	D1	地域历史景观的保护与继承		反向
		D2	地域气候		正向
		D3	地域文化	成本控制	正向
		D4	生活方式		正向
		D5	传统性		反向
		D6	归属感		反向
		D7	认知度		
		D8	沿街轮廓线		
		D9	街道尺度		
		D10	城镇景观		
		D11	居民参与的设计		
		D12	通用设计		
		D13	人的尺度		
		D14	安全感		
		D15	儿童和老年人		
		D16	过渡空间		
		D17	空间布局的私密性		
		D18	室外开放空间		
		D19	室内公共空间		
		D20	无障碍		

一级指标	二级指标	序号	底层指标	备注	影响方向
动态构件要素	场地规划	D21	体块关系		
		D22	动静分区		
		D23	容积率		
		D24	建筑密度		
		D25	绿地率		
		D26	地形		
		D27	朝向		
		D28	停车数		
		D29	体型系数		
		D30	功能流线		
		D31	日照间距		
	造价	D32	土地	成本控制	反向
		D33	绿化景观		正向
		D34	市政公共设施		正向
		D35	交通设施		正向
		D36	土建		反向
		D37	设备		反向

表 3-3　建筑影响结构关系分类及权重表

一级指标	序号	底层指标	备注	影响方向
结构关系	C1	对称	成本控制	反向
	C2	节奏		正向
	C3	比例		正向
	C4	均衡		正向
	C5	尺度		反向
	C6	韵律		反向
	C7	大小		
	C8	形状		
	C9	组织		

3.3　层次为纲

　　建筑的发展始终伴随着人类对于科学和艺术向着更高层次的不断追求。随着数学、物理、生物学和生命科学的进展，当技术发展到一定阶段，不少研究学者认为，与其说人类世界是建立在必然性之上的，倒不如说是建立在偶然性之上。

而建筑学作为人类物质文化的最集中体现以及精神文化的载体，设计过程的确定性、不确定性以及它们之间的关系是亟待研究的课题。现代主义以来，在信息大量涌入的时代，建筑师们没有精力把材料和技术方面的日新月异兼收并蓄，建筑成了基于成熟技术的设计产品生产线，在当代中国尤其如是。建筑师在快速生产的过程中失去了和机械化社会同步的能力。大量的新材料，没有像水晶宫一样产生新鲜的词汇来发挥建筑师的创造性，反而被大量地用在仅为表现视觉冲击力的外观风格上。表皮主义甚至成了流行的手法，建筑的系统化过程荡然无存，建筑可以被想当然地分割为结构和表皮，或者构造和设施，每一项都可以独立完成，建筑师也不必了解建筑中的种种隐性构件要素。

　　建筑的空间构建之所以可以被认为是智慧化的过程，是因为建筑师通过有效的设计方法可以使建筑作为整体的系统，通过多方面的协作可以把机械的复杂的生命力注入建筑的本质。在这个层面上，有构件要素、有结构关系、有空间脉络的建筑可以被理解成有全生命周期的运作着的有机体。建筑的剖面所显示的结构、维护构件、设备系统正如有机体的骨骼、肌肉和血脉。现代的建筑已经在技术上取得了一定的成果，比如可持续建筑的发展，已经提供给建筑界诸多的建筑本身自循环的实例。建筑设计开始在更大范围的交叉团队里展开，涉及的有生物科学家、城市规划师、生态学家和数学家等。这些活动和现象均表明，建筑设计已经进入多学科融合的新时代。而建筑师在未来更多起到决策或者控制团队导向的作用。因此层次的研究是建筑智慧化设计过程的首要任务。

第4章 概念模型

4.1 动态描述

第3章讨论了建筑设计实践的动态过程的理性框架、系统的维度划分以及组成系统的要素、层次以及影响系统的机制。建筑设计实践过程中除了需要经济学、社会学、人类学等方面的依据以外，主要依靠环境行为学的数据来实现反馈。这一反馈贯穿了建筑从构思到施工完成以至建筑的物质生命完结的整个过程。但是由于建筑的功能要求是设计的首要目标，不同的功能和可能的功能变化形式也正是建筑师们在设计实践过程中最为关注的内容。功能决定了影响因素的不同权重，因此首先要研究在这个动态变化过程中影响因素所占权重。越灵活的建筑，在设计实践过程中的影响因素就有越多的不确定性，同时影响因素之间互相作用的关系也存在着越大的不确定性。对于设计实践的动态描述是建立概念模型的基础。通过选择建筑类型来决定影响因素的权重值，再根据类型及功能要求三方或者相关方填写设计要求，这种情况下设计要求被限定或者被扩大到专业分析的框架里来（图4-1）。设计要求可以在智慧化的设计系统里通过影响因素转化成权重值的数据，数据的变化则表现为设计过程中的动态变化，在这种基础上加以分析，减少主观造成的误差，同时实现及时地反馈和更新，确保设计朝向正确的方向发展。

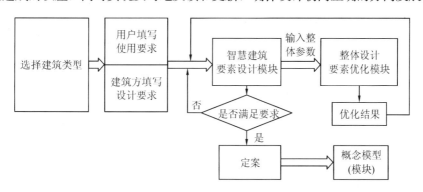

图 4-1　建筑智慧化设计流程图

4.1.1　动态过程的解释

对于动态过程的研究是基于现实及理论，通过相关维度分析，结合关键性影响机制和建构关键影响因素，建立动态结构模型探索可反馈的建筑设计方法。以动态建构过程为基础，根据研究现状和存在的主要问题和不足，提出动态建构过程不同阶段的理论模型和研究假设，并且在所建立的理论模型和研究假设的基础上，进行实证研究的设计。具体过程如下（图 4-2）：通过文献分析进行变量的选择和度量，通过电话、直接访谈以及网络等进行样本数据的搜集，并选择合适的模型验证方法，即结构方程建模（structural equation modeling，SEM）。

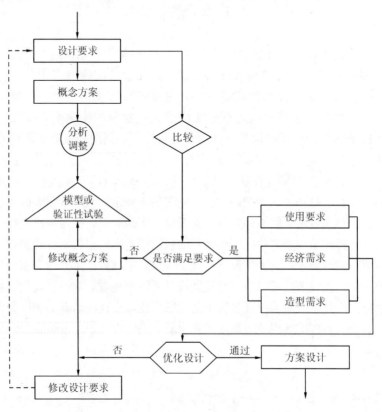

图 4-2　智慧化设计过程框图

对获取的样本数据进行分析，具体过程如下：通过 SPSS 对数据进行特征描述，在建构过程的关键影响因素分析的基础上，引入面向建筑师的对象模型与数据仓库多维模型映射的形式化机制，并探索利用设计模型来完善传统的多维模型。进而用建模研究的成果指导建筑设计过程的设计实践，接下来对建筑设计的数据管理技术从物化视图选取、数据智能更新和优化查询等方面进行研究，并进一步从过程创新及应用分析等角度对建构过程的关键影响因素以分类模式挖掘和序列模式挖掘的方法展开讨论，并且给出了假设研究的结果，在对结果讨论的基础上，针对动态建构过程在实践中何培养、发展和稳定提出了相应的改进措施和建议。

　　本着理论研究和实证分析、技术探索和理论创新相结合的方法，利用系统控制、形态分析、随机最优控制、可用性技术等学科，结合国内外已有的在传统的控制理论与非线性分析、随机系统、统计学习、人工智能、认知科学等学科的研究结果，在新的层次上实现建筑设计实践过程控制的自适应和反馈。由此可概括出概念模型，如图 4-3 所示。

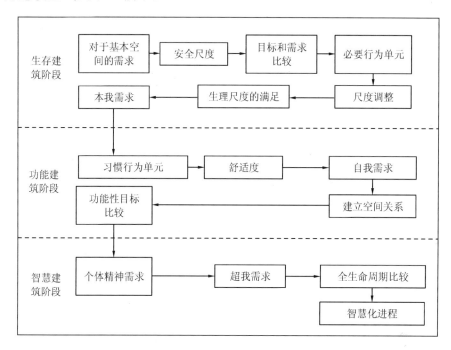

图 4-3　建筑智慧化设计方法动态过程的概念解释模型

4.1.2　不同阶段的对象和基础

　　建筑设计实践是一个动态变化的过程，归纳建构过程的关键影响因素、变量和形式，明确各因素在建构的动态过程中的不同阶段对建筑设计的影响关系与作用强度的变化，揭示建筑设计过程中促进与阻碍建筑设计发展方向的内在原因，实证检验不同阶段中各关键因素与建筑设计方法之间的关系及关系程度的变化，以获得对建构过程中方法的重要性的深刻认识。

　　探索、建立、发展建筑设计方法的完整模式是一个长期的过程，需要大量的实例分析和数据积累，这些数据积累可以为建筑设计方法提供理论与科学依据。把建筑设计的过程当做一个完整的系统，建构动态过程中因素的相互影响模式，提取建筑设计过程中的相关因子及其机理，确定每一子系统相对明确的预定功能及目标，使得各个组成元素间以及元素与系统整体间有机联系，配合协调，致使整个建筑设计过程系统能达到最优目标。同时在系统分析的基础上加入"人理"

的因素与作用，利用心理学原理进行动态模拟分析，通过大数据的系统处理探索在建筑设计实践过程中可遵循的规律。对于建筑设计过程中的"显性"和"隐性"影响因素的分析，通过不断地反馈改善并加强建筑设计方法的可操作性，建立分析模型，通过定性分析和定量分析相结合的方法，运用相关科学研究的范式，对建筑设计领域中已成熟的设计过程进行科学分析和研究。在此基础上结合现代设计方法论的研究成果及我国的实践，提出一个以分析方法、设计控制和系统模拟为框架的完整的、基于建筑设计全生命周期过程的整体设计过程方法体系。主要包括三个方面：建构关键影响因素发展的动态过程的研究；动态过程中关键因素影响机理的研究；建构过程中的设计策略研究。

4.1.3　动态过程中因素之间的关系

建筑是为人服务的，其设计自然随着人的主观需要发展而发展。人的需求不外乎生理和心理上的需求。随着工业化进程加快、科技高度发展、信息高速传播，全球化迅速蔓延和深入，这也使得作为主体的人的生理需求更加趋同，人们在不同的地方要求享有相同的待遇，才能体会到基本的满足。在这种共性的生理需求的驱动下，建筑的功能性主要依据人的行为以及群体的行为来开展分析并归类。行为是人类在生活中表现出来的生活态度及具体的生活方式，它是在一定的物质条件下，不同的个人或群体，在社会文化制度、个人价值观念的影响下表现出来的基本特征，或对内外环境因素刺激所做出的能动反应。行为可分为外显行为和内在行为，外显行为是可以被他人直接观察到的行为，如言谈举止；而内在行为则是不能被他人直接观察到的行为，如意识、思维活动等，即通常所说的心理活动。一般情况下，可以通过观察人的外显行为，进一步推测其内在行为。外显行为是可以被建筑规定的行为，内在行为则是可以由建筑形成的环境引发的行为。一般来说，人的行为由五个基本要素构成，即主体、客体、环境、手段和结果。行为主体是发出行为的人自身，具体而言是指具有认知、思维能力，并有情感、意志等心理活动的人。行为客体是指行为的目标指向。行为环境是指行为主体与客体发生联系的客观环境。行为手段是指行为主体作用于客体时所应用的工具和使用的方法等。行为结果则是行为主体预想的行为与实际完成行为之间相符的程度。

人类行为的发生过程是以内外环境的刺激为基础的。触发人类行为产生的最重要的刺激源是与人的客观需求相联系的因素。例如环境污染危及人类最基本生理需求的满足而构成强烈刺激，促使人类产生生态环境被破坏的危害认识，从而使人类有保护环境的设想和行为反应。因此可以说，刺激-人-行为三个环节相互联系、相互作用，形成了人类丰富多彩的行为。从另一个角度看，人兼具生物性和社会性，因此人的行为也可分为生物行为和社会行为。前文已经论述人的需求模式，建筑的目标是应对人的行为的需求。因此从建筑设计的角度把能够定性的建筑系统要素规定为不同的行为单元，其中生物性影响的行为单元可界定为必要行为单元，社会性影响的行为单元可界定为习惯行为单元。

必要行为单元，主要以满足生理需求为主的行为模式。这一部分内容，在关于人的基本尺度的实践手册中已有详细的论述。而习惯行为单元则包含了民族、宗教、社会和地域，甚至个人的教育背景及地位等复杂因素，因此在设计中难以把握。习惯性行为单元不会超越必要行为单元的尺寸，但是却对建筑设计的合理性有着很大的影响。必要行为单元与习惯行为单元在设计过程中因素的取舍决定于建筑设计功能要求的主要方面，可以根据第 2 章分类的建筑的三个发展阶段举例说明（图 4-4～图 4-6）。但是建筑设计的因素及其机理变化是复杂且互相影响的，这里仅只是简化考虑的模型，这种简化模型有利于排除干扰因素，集中力量解决主要矛盾。

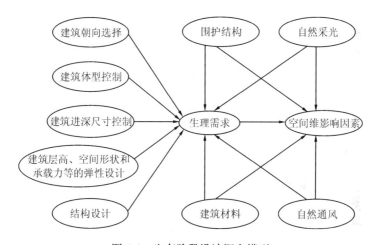

图 4-4　生存阶段设计概念模型

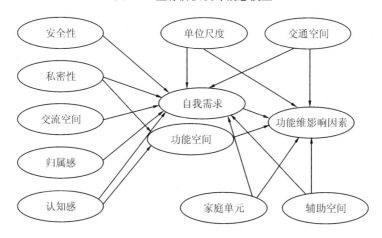

图 4-5　功能阶段设计概念模型

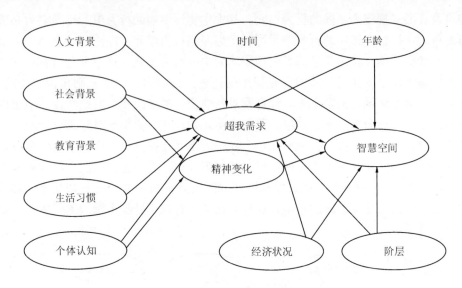

图 4-6　智慧化阶段设计概念模型

4.2　因素之间的关系

4.2.1　必要行为单元

必要行为单元是基于前文所说的基本需求和层次所提出的。在设计当中，首先将所要达到的目标分层次列出，每一层次里有相应的不同需求模式。在空间里有完全不变的静态空间、过渡性的空间直至动态的空间。比如住宅里的有一定模数需求的电梯空间、交通空间及人使用的户内空间。在电梯空间内的活动方式和场景组成类型很少，没有太多变化的余地，可以把它认为是静态空间。交通空间里的影响因素较多，活动方式也因人因地因时而发生变化，同时交通空间引起停留时间是可预期的，且所能提供的场景变化也比较有限，因此可称之为过渡性空间。而作为住宅主要构成的户内空间反而因为居住者的不同、居住者身份、年龄、组成、个性、生活习惯等复杂的影响因素，会产生不同模式的场景变化，这种动态变化较频繁的功能空间，可称之为动态空间。

建筑的必要行为单元由固化的材料构成。常用的材料包括钢材、水泥、混凝土、木头、砖、沙石、玻璃等。在必要行为单元的构建及材料的选择中，基于智慧化的设计主要集中于建筑全生命过程中材料的可持续、可循环利用以及对于环境产生的作用上。从这个角度出发，在设计实践中考虑如何选择材料以及如何建构是首要原则。建筑业中回收材料和原生材料之间并非是竞争关系而是共生协作关系，在战略上，应考虑联合使用。一些在历史长河中一直存在并且在当代依然属于建筑中常用的材料可以简单说明在材料的生命周期过程中，其智慧化特征有哪些。比如，针对常规意义上认为的可持续材料——钢材，2008 年，Su 等首先讨论了废弃钢材的循环使用，相关研究证实钢材在建材生产阶段是最主要的污染排放源，而钢材的回收、循环、再利用潜力极高（可达 95%），因此提倡废钢循环利用可以降低钢材生产造成的环境污染，对建筑的可持续发展有益。2009 年，Blengini 的研究也着重强调了钢材的回收、循环、再利用对环境保护有很大的益处。2012 年，Cho 则强调了在设计阶段减少钢用量对 CO_2 的减排有重大意义。Wang Weihan 等研究证实合理使用钢材、改善钢材的生产方式对于环境的改善意义重大。针对另一种在建筑上用量极大的建筑材料——水泥，研究的主要态度倾向于以其他材料予以替代以降低环境污染。2004 年，Gartner 认为使用其他材料代替水泥可以减少 CO_2 排放（但需要考虑可能增加的其他排放物，如使用硫酸钙替代会产生 SO_2）。水泥产业利用其他副产品也达到了减碳增产，他还建议以水凝水泥代替硅酸盐水泥减量碳排放。针对以水泥为主要成分的广泛性的建筑材料——混凝土，2009 年，Habert 和 Roussel 研究证实：采用材料代替和减少混凝土使用都可以减少 CO_2 的排放量。2013 年，Jayapalan 等研究最先进的纳米和微粒子技术进行替代，但由于费用昂贵可能会降低其可持续性。另外，Talukdar 等还研究了轻质低碳混凝土材料以及废弃混凝土的使用潜力，提倡循环和再利用（郝艳，2013）。

在全球化可持续发展视野下的建筑设计界，木材被认为是最为环保的材料之一。基于木质结构的建筑研究针对木材在材料的全生命周期内对于环境的影响进行了讨论，研究得出使用木材，由于其生产阶段的排放和使用能源量极少，对于环境影响有较大优势。Buchanan、Levine 和 Nassen 等先后在 1999 年和 2012 年证实木质建筑减少了能源使用从而达成了碳减排目的。但是 Nassen 的研究同时认为综合考虑其生命周期内的 CO_2 排放量和拆除阶段 CO_2 的吸收量时，木质结构和混凝土结构的总体碳排放量相近，这是由于混凝土结构的处置阶段应用了碳捕获和存储（carbon capture and storage，CCS）技术，而木质结构的拆除阶段采用焚烧处理方式，抵消了其在过程能源减排的正面效应。这也说明考虑整个生命周期各个阶段的重要性，拆除处置阶段是不可忽略的。

另外一种近年来认为比较具有可持续型的建筑材料是砖，但是由于砖在生产过程中浪费较大，对于环境有较大的破坏，因此砖材料的研究也主要集中于其被替代的效果。Reddy 以稳定泥浆块（stabilized mud blocks，SMB）替代烧制黏土砖以达成节能环保的目的。类似的，Kinuthia 和 Oti 利用一种物化能极低、产生 CO_2 排放也很低的副产物粒化高炉矿渣粉或矿渣微粉（ground granulated blast furnace slag，GGSB）进行替代，达成节能减排的目的。

Jiao 等结合废弃物管理理念，利用固体废弃物进行了低碳建筑材料的实验：利用海洋工程的废弃疏浚泥改良砖的性能，达成了显著的低碳效果。Dewulf 等则针对一个住宅建筑的拆除所存留的废弃物进行研究，其中包括玻璃，他们认为玻璃的循环率可以达到 60%，从而在一定程度上优化建筑的环境影响（郝艳，2013）。总而言之，静态元素的考虑也应从材料的全生命周期出发，考虑材料在设计、使用、运输、拆除、废弃、再循环利用的整个过程中对人和环境的影响。

考虑了在设计实践中如何选择材料的智慧化原则之后，要进一步考虑由材料组成的实体及其他构件要素。构件要素也存在静态、半动态和动态三种形式。组成静态形式的构件在某段时间内基本没有变化的需求，即静态构件要素，而由静态元素构成的单元则称之为人的必要行为单元。在必要行为单元里人的需求都可以设计为基本的生理需求，只要在既定的时间内满足生命科学的最低限度要求，就可以认为这一必要行为单元所组成的空间是合适的。当然，依据"动为本原，静为载体"的原则，静态的必要行为单元都是为一定的时间所限制的，在一定时间节点内是静态的，比如电梯内的行为单元比其他各类空间的行为单元都要小得多，人们也可以忍受是因为停留的时间足够短，最为主要的是这一必要的状态不但是暂时的，而且这种行为模式的存在完全是为了下一个习惯行为单元而做准备的。静态、半动态和动态是和人的行为模式活动的时长有关的。比如电梯在建筑的功能生命周期内，如果使用者的性质和人数没有发生大的变化，可以被认为是静态构件，居住建筑的卫生间和厨房也可以在某种程度上被认为是静态构件。但是在流动性比较大的写字楼等办公空间里，卫生间和开水间兼休息室就会存在随人员变化而变化的半动态的可能性，当然，相对于纵向交通空间和水平交通空间的变化速度而言，居住建筑的客厅有可能是属于活跃的动态变化构件，因此如何分类更有利于建筑设计实践的全过程控制是一个重要内容。

必要行为单元可以通过人体工学和人体尺度的平均数据来进行研究、归纳整理，也可以进一步借助环境行为学和环境心理学的成果，来预测某一段时期构件要素所需要的最小变化、可能的尺度和空间的大小。

4.2.2　习惯行为单元

习惯行为单元则上升到自我需求的层面，空间的功能和大小不再以行为科学的尺度来划分，要进一步涉及更为广泛的人文科学。例如，城市高层公寓和山村独院的居住者的需求感受就是不同的，这里涉及前文所说的建筑外环境维度的概念。就常规意义的空间布置而言，城市的户内空间相对狭小，人的饮食起居都在户内完成，每一个行为单元都紧凑而互相重叠，但是人的需求感受是自我的满足。山村独院的户内空间较大，行为单元模式较单纯，白天大部分时间的活动都在室外完成，厕所和厨房也在院子的空间里，这些行为单元互不影响，彼此独立，仍然可以满足相同居住者的需求。这里就加入了前文所述的习惯行为的概念。

如果只是本我生理的需求,个体的人的行为几乎都是一致的,可是一旦加入社会性,人和人、人和物、人和空间之间的关系就成为影响构件要素的主要结构关系了。比如近年来出现在各个国家的"胶囊公寓",尺度和基本构成看似压缩了所有的习惯行为单元,只剩下必要行为单元,人的行为被界定于 24 小时或更短的时间之内,时间越短,变化的程度就越少,基于个体化的习惯行为模式就可以忽略不计。但是胶囊公寓所表现出来的问题更进一步说明了变化不是以时间长短来衡量的。最早的"胶囊公寓"的原型、日本"新陈代谢"运动代表人物建筑师黑川纪章的成名之作中银胶囊塔,设计于 20 世纪 70 年代初,由 140 个胶囊模块组成。按照黑川纪章的设想,模块是可以自行更换的,当然是基于功能和使用者随时间变化而变化的角度提出的。"胶囊公寓"出现在日本是因为日本有着长期的加班模式,加班和交通的不便或者交通费用的昂贵滋生了对于低价短时休息空间的需求,这种模式进而发展到机场转机的停留空间,机场转机的模式主要参考飞机舱位以及火车包厢的空间,实例有名为"First Cabin"的胶囊公寓,在成田、大阪、京都等航站楼均有设置。由于使用者对设施的要求逐渐变化又进化出了酒店的功能。例如,来自英国的酒店品牌 Yotel 设计的客房里则包括了独立的浴室、电视、免费的 wifi 以及 24 小时的全方位服务,这就已经把必要行为扩展到习惯行为了。即便如此,Yotel 的设计师依然在不断创新,通过网络自助办理入住手续、机器人运输行李以及智能床的设计都是基于人在旅行暂住过程中的行为模式研究得出的创新。旅行过程的暂住固然不需要太多的情感行为以及由此带来的功能,但是即便是短时间的休息,人对于精神上的放松要求会更高,而这些要求是必要行为单元所无法满足的。

"胶囊公寓"进入中国后则因中国式的行为习惯而水土不服,其私密性、隔音效果均不能应对中国人大声说话的习惯,这就产生了社会因素的问题。另一方面,"胶囊公寓"被简化为打工族蜗居的最经济的模式,因为在打工族的生活当中,不是建筑适应人的生活方式,而是人压缩自我需求来适应经济条件和建筑。这也是不同的社会生活方式产生了不同的建筑设计功能需求。

从"胶囊公寓"的发展来看,即便是最简单的建筑空间,其功能也意味着建立在必要行为单元的基础上,进一步不断扩展,以使人的习惯行为在基本单元里能够得到满足。同样 30m² 、60m² 或 90m² 的住宅,不同的人会要求完全不同的分隔方式甚至完全不同的户型。因此在设计的时候建筑设计师面临的更多需要解决的问题都是习惯行为单元如何在功能中体现,如何满足人的自我需求。

对于约定俗成的、公理性的或者说已经被科学化了的必要行为单元,可以建立明确的选择机制,制定产品样本,由设计师、使用者和建设者三方建立统一的标准、规范,减少静态因素对于动态因素的干扰。而在习惯行为单元的设计中,则应依据大数据的共享了解某一地区、某一交通干线、某种周边环境下使用者的组成、行为习惯以及需求变化，通过这种需求变化设置多种习惯行为单元或者可自主变化的习惯行为单元，并通过进一步的信息反馈对行为单元的需求及模式变化适时调整。

4.2.3　行为单元设计层次之间的关系

设计过程的流程一直是设计者努力探讨的问题，建筑设计的特点在于设计的方案阶段到施工图阶段的因素及其结构关系几乎没有太大的变化。这就给设计者们创造了目标达成的一致性。但是即便是设计过程的关系没有变化，也仅只意味着设计的流程是可以逐步深入的。设计中构件要素的多少、大小、构成、性能在随着结构关系构成空间的过程中是有着不同的选择的。因此，建筑设计者必须采用系统化的过程方法，依靠掌握设计过程的动态变化方向来控制设计的方向，否则，某一个构件要素的性能选择错误，就有可能造成整个设计目标的偏离，甚至整个设计的失败。要保证设计实践过程的目标不偏离，就需要有正确有效的反馈机制和及时对应动态变化的调整机制。控制论强调系统的行为能力和系统的目的性。维纳提出了负反馈概念，要理解负反馈，首先要理解行为和反馈这两个概念。

行为是指系统在外界环境作用（输入）下所作的反应（输出）。人和生命有机体的行为是有目的、有意识的。生物系统的目的性行为又总是同外界环境发生联系，这种联系是通过信息的交换实现的。对生物系统来说，外界环境的改变对生物体的刺激就是一种信息输入，生物体对这种刺激的反应就是信息的输出。控制论认为任何系统要保持或达到一定目标，就必须采取一定的行为。输入和输出就是系统的行为。

反馈是指系统输出信息返回输入端，经处理，再对系统输出施加影响的过程。反馈分正反馈和负反馈，其中负反馈是控制论的核心问题。正反馈即反馈信息与原信息起相同的作用，使总输入增大，系统目标偏离，加剧系统不稳定。负反馈即反馈信息与原信息起相反的作用，使总输入减小，系统目标偏离减小，系统稳定。

控制论研究表明，无论机械系统、生命系统、自然系统，以至经济系统、社会系统，撇开各自的质态特点，都可以看作是一个自动控制系统。在这类系统中有专门的调节装置来控制系统的运转，维持自身的稳定和系统的目的功能。控制机构发出指令，作为控制信息传递到系统的各个部分（即控制对象）中去，由它们按指令执行之后再把执行的情况作为反馈信息输送回来，并作为决定下一步调整控制的依据。这样就可以看到，整个控制过程就是一个信息流通的过程，控制就是通过信息的传输、变换、加工、处理来实现的。反馈对系统的控制和稳定起着决定性的作用，无论是生物体保持自身的动态平稳（如温度、血压的稳定），或是机器自动保持自身功能的稳定，都是通过反馈机制实现的。

控制论是具有方法论意义的科学理论。控制论的理论、观点，可以成为研究各类科学问题的科学方法，把它们看作是一个控制系统，分析它的信息流程、反馈机制和控制原理，往往能够寻找到使系统达到最佳状态的方法。这种方法称为控制方法。控制论的主要方法有控制方法、信息方法、反馈方法、功能模拟方法和黑箱方法等。

信息方法是把研究对象看作是一个信息系统，通过分析系统的信息流程来把握事物规律的方法。

反馈方法则是动用反馈控制原理去分析和处理问题的研究方法。所谓反馈控制就是由控制器发出的控制信息的再输出发生影响，以实现系统预定目标的过程。正反馈能放大控制作用，实现自组织控制，但使偏差愈益加大，导致振荡。负反馈能纠正偏差，实现稳定控制，但减弱控制作用、损耗能量。

功能模拟法是用功能模型来模仿客体原型的功能和行为的方法。所谓功能模型就是只以功能行为相似为基础而建立的模型，如猎手瞄准猎物的过程与自动火炮系统的功能行为是相似的，但二者的内部结构和物理过程是截然不同的，这就是一种功能模拟。功能模拟法为仿生学、人工智能、价值工程提供了科学方法。

黑箱方法是通过考察系统的输入与输出关系认识系统功能的研究方法。它是探索复杂大系统的重要工具。黑箱就是指那些不能打开箱盖，又不能从外部观察内部状态的系统。黑箱方法的目的在于通过为黑箱建立模型，使黑箱变成白箱。有时黑箱模型不止一个，这种情况下，系统辨识其中最合理的一个。

白箱方法则研究系统的可观性和可控性，通过定量分析找出两者之间的关系。

系统辨识是在输入、输出的基础上，从一类系统中确定一个与所测系统等价的系统。系统辨识主要步骤是：试验设计、选择模型、参数估计和检验模型。

建筑设计过程可以理解成一个大系统，通过系统辨识其中所要涉及的因素，一一剥离并加以分类整理，并找出关系。同时通过信息的控制反馈，不断地修正设计，以达成目标。建筑的设计永远是基于人的行为并且和人的行为相互影响的过程，同时这一过程又在大的环境中产生极其重要的影响。因此行为单元的分析并不能简单地描述设计的全过程，也无法对于这一过程出现的变化进行精确的表述。需要对行为单元以及上文所提的需求层次做进一步的诠释，才能更好地解析设计的动态变化过程，从而满足智慧化的要求。

每一个单体，首先要做的是对于基本的人体尺度的生理要求的认知，这些认知可以明确地表达为一系列的数据，个体尺度、交往尺度等。这些数据结合边界可以构成简单的生存空间所需要的因素。简化为人体尺度的空间作为生存空间而存在，大量可定量的数据就构成组成建筑的最小组成部分，即构件要素。构件要素可以通过列表、定性、定量化的方式给定具体的要求，这一点在现在的计算机辅助建筑设计里做得很完善，现行的基于 CAD 开发的软件，如当前建筑设计院使用最为频繁的天正就是典型的例子。

前文已提到，只有构件要素是不够的，还要通过构件要素之间的连接或者联系才能产生功能关系，这就需要对构件要素之间的连接（在构造里通常把它称之为连接）进行有效的分析和整理，使之具有逻辑的明确的脉络关系，在功能描述里也称之为流线。流线通过构件要素的连接、流通、咬合、相望、对应等构图原理来表现。复杂的流线在人的不同运动状态中满足了进一步的自我需求，产生了通常意义上的功能空间，这些功能空间的关系构成了建筑的可以单独分析的组成部分——结构关系。结构关系可以通过分析、定性、组合、大小、尺度、比例等来区分或组合，这一点主要通过建筑师的方案分析及发展来表现。在这一层次里已经融合了较多的主观成分，不同背景的建筑师所表述的同类产品会有很大的差别。这一差别正是基于第三层次所表述的内容而产生的。

当前的发展已经使得建筑师不可避免地要面对解释自己设计的发展过程这一问题。在方案介绍过程中，前期方案的合理性固然是表述重点，但是基于评审的会议性，方案过程的解释往往是一个方案能否继续发展的重中之重。评委和专家以及建设方、使用方一致认为，建筑的功能关系和构件要素都是基于建筑设计的专业技能，即便在前期有一些误差也是在后期可以调整的，而方向性的错误是无法改变的。这里所提到的方向性错误往往涉及的就是更高层面的需求，即超我需求，比如建筑对于使用者的社会性、经济前瞻性、功能灵活性等的考量。凡此种种，均是在解决生理和心理之后的抽象的人文要求。因此，只有把握建筑的最基本也是最终的需求，即人文精神方面的需求，才能把握住建筑的设计方向。当然，由于精神需求有太多的不确定性，很难有明确的结果，因此衡量建筑过程中这一需求的权重，在设计过程中作为决定因素不断调整，并通过反馈机制不断取得与最终目标间的平衡，也许是一个可行的方法。

这种描述层级渐进和分析逐步到位的过程，才是建筑的智慧化过程，建筑设计可以清晰地描述和梳理，甚至在施工过程中随时调整，以减少设计引起的选择性误差的发生，这就使得建筑的全生命周期的智慧化成为可能。

4.3　三个阶段

通过建立建筑智慧化设计方法系统的概念模型，可以将建筑设计的过程由静态到动态影响逐渐变化分为三个阶段，即生存阶段、功能阶段和智慧阶段，这里的阶段不是以建筑的历史发展来划分的，而是以建筑设计过程中的构件要素及其结构关系的动态变化程度来划分的。随着技术的发展，动态影响逐渐增强，这种划分在某种程度上同建筑的发展有一定的吻合，这一点在第 2 章也有详细的描述。但是由于建筑有一定的复杂性，三个阶段都有另外类型的建筑及建筑设计模式出现，比如功能阶段的水晶宫建筑实际可以称为当时的建筑智慧化，因为它在某种程度上达到了技术和艺术的同步。

通过分别论述各个阶段的设计构件要素构成，并建立相应的概念模型，解释从生存到智慧阶段的构件要素的动态变化程度，来进一步明确建筑设计智慧化过程的对象及层次。在此基础上又从人的需求角度将静态因素所组成的理性化单元解释为必要行为单元，目的是为了在建筑设计往智慧化演化的过程中列举出已经可定量和定性化的静态影响因素。但是并不等于把静态影响因素排除在外，静态影响因素的确定是建筑智慧化过程中可以和技术同步的必要措施。在此基础上通过深入研究习惯单元，来确定动态因素及其影响结构关系。

对于行为单元组织及语法的解释是为了加深对建筑智慧化过程中动态影响因素的理解，是对第 3 章的理论解释和分项诠释，以期在后续的研究中进一步研究和补充习惯行为单元的作用机理。

第 5 章　建筑设计实践的智慧化

建筑设计实践的智慧化贯穿于建筑的全生命周期，是动态变化的过程。这一过程包括设计方法的智慧化、设计技术应用的智慧化和设计使用维护的智慧化。前文谈到，建筑设计的早期过程基于解决生存问题为主要矛盾而存在的建筑设计方法主要集中在静态的方法上。当设计趋向多学科融合之后，建筑师的角色和在设计中的地位也相应地发生着变化，设计的动态过程由以往的建筑师主导转变为建筑师作为组织者来对设计进行全面优化的过程。

传统设计模式是通过既有的设计规程入手，建设方大多对于这一规程的了解是基于项目前期的批复部门以及项目建设过程中的施工部门，因此建筑师在这一环节当中主要是扮演完成设计文件的角色。这里的设计概念明确地被划分为整体规划、日照、平面布局设计、整体外观设计等单独的部分，往往在施工前才确定基本的建筑材料，结构及设备只能排在建筑定案之后，以至于有些设计单位配置了相应的流水线操作人员以应对日益缩短的设计周期的要求。设计精细化分工不是体现在如何密切合作上，而是体现在日益趋同的阶段化产品制造上。按照中国现有的传统设计流程，参与设计的人员只能依照一定的程序逐次参与、完成各部分的设计任务，基本是"线性"的程序，这样的过程是基于每一阶段都准确表述和定案的基础上，一旦建筑的图纸完成，结构和施工需要的改变就成为难以实现的任务。建筑作为动态变化的场景性能被限定在常规水平上，缺乏以人的需求为阶段目标的智慧化过程。

传统建筑设计过程中的问题集中在专业的多元化的需求和知识分散化的矛盾。专业和专业之间的沟通多以一方的妥协为代价。这种妥协为施工中的问题埋下了隐患。设计师并不是不想交流和沟通，而是缺乏互相交流和沟通的语言和工具。设计过程的组成部分之间只依靠简单的资料图纸加以维系。资料图纸以蓝图为定稿，一旦提出，就无法更改，而设计周期已由原来的半年减至 30～45 天。这种周期下，没有动态可变的系统结构关系维持，全靠个人之间有限的专业交流，使得设计可以完成的任务范围越来越小，各专业的结合只是空谈。经验性的制图规范几十年不更新，生活方式的更新对于设计的要求更使设计师疲于应付。

缺乏动态变化的设计过程只能等同于制造业，或者被制造业所取代。设计图纸中越来越多的二次设计逐渐剥离了建筑师整体设计的权力，缩小了建筑师的设计范围，越来越倾向于只制造静态的不变的部分。设计的非线性过程被线形的程序所取代，产品交付之后的优化和变更对于建筑设计人员和建设方都成为一件难以完成的任务。设计的静态制造使有着最好外观设计的建筑却完全不满足使用者的功能需要。静态设计产生的产品最终结局是无法预计的昂贵的重复劳动，设计过程中同一信息由不同人反复处理。同时，由于负责各工种的工程师和建筑师对建筑整体性能和应采取的技术措施没有完整系统控制方法，相关设备、电气工程师在利用新技术过程中，也缺乏完整的动态变化概念，仅只针对某一构件要素或局部设备进行改进，而且是在设计完成阶段之后添加技术内容，结果是"边缘性"的建筑性能提高，同时不可避免相当的建设成本增加。出现这种结果的根本原因在于，在作为整体系统的设计过程中阶段性引入某些高性能的技术措施也同样无法消除方案阶段错误决策或相互间不协同所造成的缺陷。因此，传统的设计模式已经难以满足现代设计中的高效化、可变性、社会化的种种需求。

　　传统的设计过程中，各专业所提出的共同考虑的因素似乎是"建筑功能"，在此过程中，对于整体系统运作程序持模糊概念的建筑师掌握了"功能需求"的话语权。建筑师在缺乏转译语言的今天，又无法再扮演设计过程中唯一的决策者，因此在很长的历史时期内，招标文件最明确的要求仍然是独特或者有创意的。建筑被视为一种建造艺术，昭示着建设者的品位，引导着使用者的欲求，这一导向的长期存在产生了一种奇怪的偏颇，即设计过程只需服从于艺术准则的支配（图 5-1）。在设计的前期，大量的精力被投入到不知内容如何的造型中去，设计师在某种程度上几乎从事着城市雕塑家的角色。许多设计师甚至于学会了如何把不同功能的空间巧妙地装入已定好的造型中去。设计的建构构件要素和结构关系完全分割开来，这样产生了大批雷同、生硬、缺乏归属和认同感的空间乃至建筑。一旦出现新的建筑类型、新的材料和技术手段，再加上不断变化的社会需求，团体及业主利益的改变和增加，传统设计方法的局限性也逐渐突出。

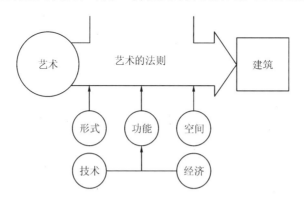

图 5-1　建筑由艺术原则所支配

　　如果把建筑产业同电子产品制造业相比，如通讯或电器制造业，甚至飞机制造业，问题是很明显的。建筑设计在实践过程中一直不具有系统化的整体运作程序，某部分节点的改变对于系统的变化方向没有太大影响。以至于建筑界有一种观念，认为方案、结构、设备都可以单独存在。建筑设计的多学科交流的缺乏，一成不变的建筑法规，设计的定式思维，大大限制了建筑业的技术进步速度。人类对于智慧化的发展是要求建筑有快速的适应性，建筑设计过程的流程化使得建筑在新技术、新材料的发展与应用面前显得迟缓而无力。

电子计算机的发明和发展，极大地推动了社会和科学技术的发展。其在建筑设计领域的应用主要体现在计算机辅助建筑设计、建筑环境模拟两个方面。计算机辅助建筑设计技术，即 CAAD（computer aided architecture design）能帮助设计人员设计、综合和优化，并能绘制工程设计图纸。CAAD 技术帮助或代替建筑师在设计过程中处理大量的图像、数值和文字信息，从而提高了设计质量，缩短了设计周期，降低了工程成本。建筑环境模拟技术，即 BES（building environment simulation）能帮助设计人员进行工程设计的计算、分析、综合、设计和优化，并编制各种技术文件。

与其他专业相比，建筑学专业由于专业本身的特殊性，CAAD 的发展相对比较缓慢，技术的开发和应用水平都落后于其他专业。建筑学是一门古老的学科，人类的文明史与建筑学的发展是分不开的。随着社会生产的发展和科学技术的进步，建筑学丰富了新材料、新结构、新设备、新技术和新理论的内容，但是建筑设计方法本身并没有质的变化。建筑师多少年来一直沿用着传统的、经验型的、手工作坊式的设计方法。建筑设计工作中缺乏对某些工程技术指标的定性定量的分析和评价手段，缺乏对建筑设计的宏大的设计信息的获取和处理的手段，设计工作具有较大的随机性和经验性。而设计人员往往又要把主要的精力和时间花在工程图的绘制上，凡此种种不仅影响着建筑设计方案的质量，也严重阻碍了建筑设计方法的发展。

总的来说，按照传统的设计方法，现有计算机技术工具的使用具有信息化特点，但同时仍然存在着不系统、目的单一的缺陷；同时，不同专业之间工具软件的使用也缺乏必要的联系，造成不同专业间的信息数据和分析的结果不能完全共享并用来优化设计。

传统设计过程通常是线性流程（图 5-2），在整体设计的反馈和优化方面，缺陷是明显的。任何程度的变更都将导致人工成本和时间成本的增加。传统设计流程的典型特征有以下几点：

（1）建筑师与业主有同样的设计程序概念，即由规划、报建、方案、扩初、施工图和施工配合组成。

（2）结构与设备工程师只能按照既定的方案或业主提供的资料执行相关的系统设计，在设计的过程中不参与方案的定性。

这种设计流程是现今国内大多数设计公司的服务程序，建筑公司没有多余的

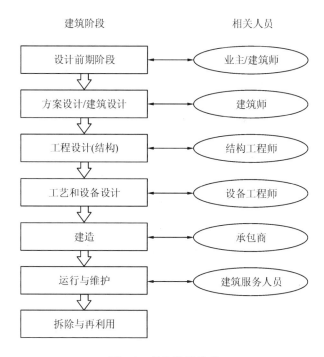

图 5-2　传统设计流程

时间也不愿意注意太多的动态变化因素，致使建筑设计静态化程度越来越高，动态的构件要素成为设计变更或二次设计的主要内容，这种典型的设计流程割裂了建筑同时间的重要关系，把建筑变成了简单的机械化产品，阻止了建筑在技术发展中的性能提升。偏重于开发的大量住宅则是大量低性能高运行费的产品。

　　当然，社会和人文的需求导向会对建筑设计的过程提出新的要求，这些要求被片面性的加工成某些独立存在的噱头，例如，通过结合值得考虑的基建费的增加来提出一些非常先进的采暖、制冷、照明系统，通常带来的是边缘性能的增加。其至由于设计的不系统性导致无法预知的整体性能的降低或者大量的实验性后果，如外保温材料的防火性能缺陷导致频繁而严重的火灾。后加的高性能系统和部件由于缺乏整体的验证，无法克服方案设计误差所导致的越来越多的障碍。这些因素还可能显著提高建筑的长期运行费用。当然，上面所提及的问题只是代表了由传统设计流程所带来的建筑缺陷中最明显的部分。

　　建筑系统的环境性能应该建立在建筑系统的基本性能和经济性能的基础上，如果只片面地强调建筑系统的环境性能，而忽视了建筑的基本要求和性能，也不可能达到智慧化演进的目的。因此，建筑整体设计首先应该满足使用功能、美学表现、社会性、文化性和经济性等动态构件要素的需求，即满足建筑系统社会性能和经济性能的需要（图 5-3）。

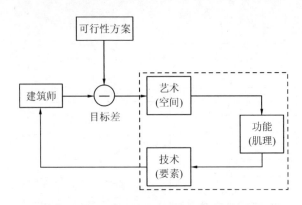

图 5-3　建筑设计整体智慧化的控制与反馈系统示意

　　建筑整体智慧化设计是一个将建筑作为整个系统（包括技术设备和周边环境），从全生命周期来加以动态考虑和动态优化的流程（表 5-1）。建筑设计的智慧化有赖于项目所有参与者跨学科的合作，并在项目之初即作出整体而深入的决策。建筑整体智慧化设计流程强调专家团队在早期的设计理念的迭代，目的是使设计可以达到云设计，即参与者在早期就对创新和技术知识进行充分的融合。这一阶段关于设计问题的创新和技术的充分融合是建筑设计是否可以正确发展的关键。所有关于能源技术和建筑设备的内容都应该是建筑设计前期到结束的一部分，作为系统的子系统不可分割。

表 5-1　建筑整体智慧化设计的特征

项目	早期建筑设计 （19 世纪以前）	现代建筑设计 （19 世纪以后）	建筑整体智慧化设计
时代	手工业时代	工业自动化时代	信息时代
合作模式	低级的传统技术	高新技术	适应性技术
人文	民族化和风格化	国际化和同一化风格	多样化和智慧化
交流	有限而缓慢	逐渐扩大但有地域限制	全球高速无限化（海洋、陆地交通、 电信、航空、全球化网络）
社会角色	专门化而稳定（一生）	专业化但可变 （提升和再教育）	（多种角色基于变 化的技术和持续的教育和训练）
决策体系	统治阶级决策制	线性合作制	基于智慧化发展为目标的云设计
建构过程	劳动力密集	资本和能源密集	多种技术的同步运用和协调
建成形态	与社会形态和气候同构	功能的混合和杂交的形态	为场所、目标和人文定制

　　建筑设计方法的智慧化是建立在设计信息及时有效地共享的基础上的，这里的共享包括设计方、使用方、建设方和维护方。多方面的高效合作是建筑设计智慧化的基本条件。建筑师是智慧化过程的组织者，良好的设计体系是保证建筑设

计朝向良性发展的必要条件。体制的建立需要社会、政策、专业协会及设计人员的共同努力。

5.1　原则与目标

在建筑整体智慧化设计模式中，专业有了共同的技术目标——"建筑可适应性能"，因此专业之间的相互理解和融合更为重要。建筑师将成为团队的召集人而不是决策者；结构工程师、设备工程师在设计初期都将起到更积极的作用。设备工程师的技术和经验，以及专家的咨询意见，都在设计过程的最初阶段加以考虑。这样可以达到高质量的设计结果，实现最少的投资增加甚至零增加，同时还可以减少长期的运行维护费用。从欧洲和北美的应用经验来看，建筑整体智慧化设计程序是以各阶段一系列的"设计环"为主要特征的，它通过各阶段的决策结论作为各段完成的标志。各个"设计环"由相应的设计团队成员参与完成，但几乎都包括所有的来自不同专业的成员。

在过去几年中建筑师和工程师的需求经历了根本的改变。随着全球气候的恶化和资源能源的日趋紧张，政府和业主需要一个综合的解决方案。这个方案必须在满足建筑物的基本功能的前提下，尽可能满足建筑对能源消耗和对环境影响方面新的需求。此外，由住宅产业的变化所造成的建筑建造原则和品质的经济可行性、建筑运行的成本效率、使用品质和舒适度的改变，也给设计者带来了新的压力。

这种压力带来了一种明确而崭新的建筑设计理念。占全球 1/2 的资源消耗（包括材料、能源、水和耕地的流失）的建筑如今不得不面对一个现实，那就是：由建筑物所产生的废弃物正严重污染着地球，并损害着人类的健康。令人堪忧的是，不仅处于建筑之中的人的健康受到威胁，就连整座城市，甚至于人类社会自身都面临着严峻的挑战。

随着现代建筑运动的发展，长久以来，设计人员对设计过程的关注仅仅停留在设计阶段本身。大多数设计者更多地关注建筑物的形式、空间与功能，已经有研究者意识到建筑的可持续发展应该从整个建筑的全生命周期来考虑问题。在整个生命周期内，建筑使用中消耗的能量和建材本身消耗的能量，两者之比为10：1；就结构和设备等构件要素而言，使用时消耗的能量和生产时消耗的能量之间的比例，是 15：1。这意味着，如果设计人员不从整个生命周期去考虑设计问题，其糟糕设计所带来的损失要远远大于建筑物建造的成本。

建筑本身是抵御外界恶劣气候的结果，随着经济的高速发展，人们对建筑内部舒适度的要求越来越高。以国内的大型商业建筑为例，满足建筑基本功能要求的电梯和自动扶梯以及照明系统所消耗的电力，在整个建筑电力消耗中仅占

50％；其他50％消耗在满足人们舒适度要求的空调系统上。而十年前我国的人均建筑能源消耗还很低，仅为美国的1/15，日本和欧洲的1/8（图5-4）。可以预见的是：随着人民生活水平的提高，我国的人均建筑能源消耗将急剧上升，参照发达国家的建筑能耗水平来看的话，今后我国的建筑能耗形势将越来越严峻，近年来各个地区用电紧张和拉闸限电就是最好的证明。因此，在今后一段很长的时期内，大力发展建筑节能技术，努力提高建筑物的能源性能将是一项极其重要的任务。

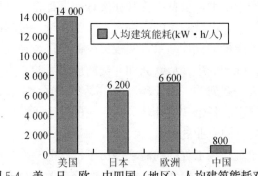

图 5-4　美、日、欧、中四国（地区）人均建筑能耗对比

（资料来源：International Energy Opt look 2005）

无可辩驳地，可持续发展运动绝不能独立于文化运动而存在。一个地方的建设表明了其对地理、历史及资源的态度。密集规划（20世纪盛行的一种发展模式）以至于无处可栖是对上述三种因素的漠不关心。要达到减少二氧化碳排放量的目标，人们需要视化石燃料为一种严重不足并且正在减少的资源，同时还需要开发新的能源（太阳能、风能、生物能），需要寻求新技术和新方法解决建筑问题。鉴于地方的差异性（资源、气候、朝向），建筑的解决办法就该比从前更注重因地制宜。这就意味着选择更加适宜的技术、应用最好的而不是最廉价的建造工艺、使用可循环再生的评估方法、利用当地能源和材料、采用当地的建造技能和技巧。

这些不断增长的需求引起了建筑设计过程的高度复杂化。可持续发展设计需要人们关注那些在资源匮乏阶段建造起来的建筑物，吸取经验以应对资源短缺的未来。这不仅仅是一个单纯的建造问题，这些再循环、再利用、再更新的方法和经验足以扩展到整个城市生态系统中去。在这个高度复杂化的设计过程中，无效的解决方法将随着时间的流逝而消失，只有最适宜的才会流传下来。

综上所述，在设计过程中需要考虑的问题越来越复杂。然而复杂的建筑系统通常不能自动保证建筑良好的运行。通常意义的智能建筑常常有相当大的建筑面积和空间体积、高能源消耗、不断增加的建筑及其运行费用。因此，设计人员必须有意识地改变设计观念，改变传统设计过程，更好的平衡建筑的功能、美学、性能之间的关系。建筑的智慧化的过程不仅仅是建筑设计的过程，而是指更大层面的建筑从构想到设计到维护的整个过程的智慧化参与（图5-5）。建筑师在这个过程从原来的设计者变成了建筑全生命周期建设的组织者，建筑师扮演着策划、设计、构想、择地、建筑维护、改扩建等多重角色中技术的融合者和决策者，因此建筑的整体智慧化设计有了更完整的意义。

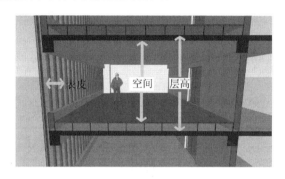

图 5-5　复杂的建筑系统需要智慧化的设计

　　近几年发展起来的建筑信息模型（building information modeling，BIM）则是一个在建筑设计实践领域统筹管理的新的方向，也是把建筑设计实践的过程作为完整的系统进行分析并应用的实例。建筑信息模型是以建筑工程项目的各项相关信息数据作为模型的基础，进行建筑模型的建立，通过数字信息仿真模拟建筑物所具有的真实信息。它具有可视化，协调性，模拟性，优化性和可出图性五大特点。从 BIM 设计过程的资源、行为、交付三个基本维度，给出设计企业的实施标准的具体方法和实践内容。BIM 不是简单地将数字信息进行集成，而是一种数字信息的应用，并可以用于设计、建造、管理的数字化方法。美国国家 BIM 标准（NBIMS）对 BIM 的定义由三部分组成：①BIM 是一个设施（建设项目）的物理和功能特性的数字表达；②BIM 是一个共享的知识资源，是一个分享有关这个设施的信息，为该设施从建设到拆除的全生命周期中的所有决策提供可靠依据的过程；③在项目的不同阶段，不同利益相关方通过在 BIM 中插入、提取、更新和修改信息，以支持和反映其各自职责的协同作业。

　　1975 年"BIM 之父"Eastman 教授在其研究的课题"Building Description System"中提出"a computer-based description of a building"，以便于实现建筑工程的可视化和量化分析，提高工程建设效率。真正的 BIM 符合以下五个特点：

　　（1）可视化。可视化即将以往的线条式的构件形成一种三维的立体实物图形展示在人们的面前；在 BIM 建筑信息模型中，由于整个过程都是可视化的，所以可视化的结果不仅可以用于效果图的展示及报表的生成，更重要的是，项目设计、建造、运营过程中的沟通、讨论、决策都在可视化的状态下进行。

（2）协调性。BIM建筑信息模型可在建筑物建造前期对各专业的碰撞问题进行协调，生成协调数据，提供出来。

（3）模拟性。在设计阶段，BIM可以对设计上需要进行模拟的一些东西进行模拟实验，例如：节能模拟、紧急疏散模拟、日照模拟、热能传导模拟等；在招投标和施工阶段可以进行4D模拟（三维模型加项目的发展时间），也就是根据施工的组织设计模拟实际施工，从而来确定合理的施工方案来指导施工。同时还可以进行5D模拟（基于3D模型的造价控制），从而来实现成本控制；后期运营阶段可以模拟日常紧急情况的处理方式的模拟，例如地震人员逃生模拟及消防人员疏散模拟等。

（4）优化性。现代建筑物的复杂程度大多超过参与人员本身的能力极限，BIM及与其配套的各种优化工具提供了对复杂项目进行优化的可能。

BIM的信息化基于单一的项目的应用已经在开展中，对于普遍性的设计方案的决策还需要更为开放的数据支持和数据共享，这也是当前建筑学研究者们的普遍期望。基于以上叙述，总结如下：

（1）建筑设计实践的整体智慧化设计不是一种方向或者风格，而是一种以动态建筑设计为目标与技术大量系统化复合为目标的设计的整体的过程（design process）。

（2）建筑设计实践整体智慧化设计不仅仅适时地融合最新科学技术，在设计手段直至手段直至维护手段上，也更加强调对人文条件的响应，强调基于人和自然的更大系统的可适应性。

（3）建筑设计实践的整体智慧化设计是基于大量的快速的整体设计的信息处理的过程，而不是从形式或构成出发的。建筑整体的智慧化设计不是对单独的一栋建筑提出的，而是针对建筑及其影响的环境应该如何设计、运转和维护进行控制。建筑整体智慧化设计在使用适应性的技术的过程中获得建筑与其使用者以及更大系统之间的动稳态关系（dynamic homeostasis relations）。

（4）建筑设计实践的整体智慧化设计以动态化设计为指导方向，涉及整个设计过程的各个不同阶段；建筑师的职责范围将扩大到建筑整体生命周期的组织和决策。

（5）建筑设计实践的整体智慧化设计的过程是遵循自稳态的规律的。其结果有一定的趋同性，更像一个有机体。可以不断了解自身和周边环境，适应变化的条件并改善自身的性能。

（6）建筑设计实践整体智慧化设计方法的多样性可以使建筑在最大个性化的同时达到系统的自平衡以及适应更大系统的良好的反馈机制。

（7）建筑设计实践的整体智慧化设计是基于多学科（multidisciplinary）和基于智慧化网络结构（based on network）而产生的。它同时涉及不同专业设计人员在不同时间空间下使用各种手段进行的同步的对话，贯穿设计的整个系统。

（8）建筑设计实践的整体智慧化过程的核心是设计的全面开放与共享直至达到充分的适应与变化。

5.2　理想化模型特征

5.2.1　开放

建筑是处于大的全球系统的最基础的子系统，每一层次的系统的完整契合都是构成整个系统可以正常运转的关键接点。设计的目的在于有效地适应并契合上一层系统的变化，比如建筑所处的环境则对建筑及使用人群有特定的影响和约束，这种相互之间的关系已经超出了可控制的范围，因此设计应是尽可能地开放系统（阿摩斯·拉普卜特，2004）。前文已经详细描述了静态因素的数量庞大，动态因素则在不断地发生变化，由于全球化、现代化的影响以及技术进步的原因，文化变迁及律动的速度在明显加快，甚至有不断加速之势。文化的迁移、同化、融合、更替也层出不穷。这就对设计的适应性及同时间的变化产生的反应要求更高。

开放系统是产生耗散结构的前提，耗散结构理论强调系统的开放性，对于一个建筑设计的过程而言，"开放"是至关重要的，建筑设计的过程需要与相关因素包括建造者所拥有的当前成熟科技以及使用者不断变化的需求之间永不间断地交换。比如在建筑设计的初期需要考虑建筑可以采用的成熟技术或当前有实施可能性的建造技术以及满足经济条件的建筑材料，购进或引进先进的技术设备，项目的建设过程及其使用需要受到国家法律法规及政策的制约，需要满足相关的工艺要求，需要满足投资者对于经济效益的要求等等。

整个建筑设计的发展过程都在与各方发生着物质、信息的交换，从建筑设计的萌芽到成熟再到建筑的使用，作为复杂系统的一个完整的建筑设计过程各方信息开放是至关重要的。因此可以看出耗散结构理论中的"开放性"思想对一个建筑设计过程的控制起到的宗旨性指引作用。

这种开放包括协调、和谐、灵活性、适应性或者回馈修正等等，一系列的概念产生了开放性的设计。开放性的设计主要是指设计过程的开放，设计以一种更智慧的方法在开放的平台上取得最大程度的协同工作能力，同时通过"云设计"的方式把建筑设计的过程建立在充分有效利用高端科技和不同专业人士的智慧结晶基础上，以避免建成之初就是过时之日的尴尬。开放还包含建筑信息的开放及使用过程的透明，另一方面，开放性还包括使用者、设计师及建设方三方的信息同步与开放。任何人都可以通过自己拥有的"信息房契"随时随地测量、感知、捕获、传递所拥有的建筑信息；同时利用先进技术寻求改变以更快适应或创造新的价值。这种开放是建立在区分静态因素和动态因素的影响原理的基础上的。比如对于住宅而言，在满足基本生理需求的基础上加入人文的影响因子，时代、环境、家庭构成等有共性的影响因素可以使设计确定某些在一段时间内变化不大的设计目标，并转化为实效性的空间。在 $90\sim120m^2$ 的空间内，提供多种应变余地，住宅的隔墙、布置、室内装饰可以根据使用者需要快速提供菜单式服务。这种服务也是在开放性设计基础上建立的，住户不再对自己将要使用的住宅一无所知，建筑师也不用因为同一栋建筑里不同类型的需求无法组合而犯难。因此设计的开放性及信息的开放性是建筑设计智慧化过程的第一构件要素。建筑设计从前期到方案定案的过程都需要经历无数次的修改和论证，这一过程中包括：①建筑设计多目标系统的确定；②建筑设计外部条件的动静分析及归类；③建筑设计内部条件的动静分析及归类；④方案图纸的动态静态因素分析及反馈系统的建立；⑤建筑设计过程动态机理的研究。

　　每一部分都包含大量的因素分析和影响因子权重分析；在分析的过程中有涉及时间、社会经济因素引起的地域因素的变化，仅靠静态的分析是远远不够的，也无法达到建筑智慧化的演进目标。建筑设计的方案决策是针对非线性规划的连续问题求解的过程，由于建筑设计定案过程中的构件要素的多变性及要素之间机理的复杂性，建筑设计过程的多目标优化和多目标决策必须依靠开放的系统才能实现。与此同时，构件要素的整理也应有更加精细化、类型化的过程，这一过程需要庞大的数据库支持，而这在信息化时代的背景下是可以达到的，因此进一步提出基于建筑设计过程定案的共享系统也是可行的。

5.2.2　共享

　　共享是基于开放性决策框架的体系提出来的，在建筑设计构件要素依据不同的类型建立相关的数据库的同时，数据和机理可以在专家库共享。共享可以在提供更多数据验证的同时，对不同的案例进行模型构造分析，建立层次模型和构造矩阵。第 6 章列举了一个建筑方案在生成过程中进行系统分析的实例，当然，一个方案只能说明这种方式的运用是可行的，要继续研究方案决策过程的可变性及影响过程需要大量共享数据的支持。共享是在开放设计的基础上更为广泛的一种方式，主要指建立建筑技术及设计方法的共享平台，创造全球化及与尖端科技同步的设计环境和人为环境；对基于模糊逻辑的建筑设计方案进行多目标优化，从而达到在快速发展的信息社会里，满足建筑和时间同步的难题。建筑设计者可以在设计的界面把影响模块分为使用者模块、建设方模块和专家模块，拟定不同的权重，并进行平衡。同时这一界面可以满足三方共享的需要，在共享的过程中改变参数及变量的设置，这一改变也是共享可见的。当然建筑设计过程中的最终决策者还是建筑设计师，系统的方法只是给建筑师提供更为理性化的思路，提供解决复杂问题及模糊目标的手段,并不能完全替代设计中灵感和经验的部分。来源于大量数据分析的多目标优化可以为建筑师提供清晰的思路,同时提供三方共享的解释性语言以供建筑师在设计方案选择和比较中展示更有力的逻辑性。

第 6 章的实验对不同的专业团体、使用者人群和建设单位,就同一类型的建筑进行了类型学的调查和数据分析。分析结果显示,优化的设计方案和最终建成的设计方案相关构件要素的权重值和机理惊人地吻合。当然,也可用其他的类型对方案阶段和建成后评价系统加以对比,以验证这种效果的可行性,这也是作者下一步研究的主要方向。现阶段的成果表明,方案的开放式系统和共享对于设计是有积极的推动作用的。

5.2.3 适应

适应是在开放和共享的基础上对建筑设计的过程进行反馈和修正的过程。适应包含两个方面的内容,一个是建筑设计从前期到施工图完成阶段的适应;一个是在建筑全生命周期内的适应。适应性在不同的领域中有着不同的解释。百度百科中,适应性的意思是某种生物体的生存潜力,决定物种在自然选择下的生存能力。《辞海》一书中对于适应性的解释是符合客观条件要求,适合应用。而建筑的适应性设计就是从项目对空间、功能的整体需求出发,通过调整箱体内部空间布局、调节箱体间的相互构成关系,并同时结合建造的可能性来系统性地组织相关要素,实现适应各项条件与需求。

为了推动建造可持续性和可适应性的长效建筑,人们需要找到的是一种办法而不是需要设计师去工地,同时避免产生拆除污染。这就需要适应性设计方法和过程。

适应性设计指的是在总的方案原理基本保持不变的情况下,对现有产品进行局部更改,或用微电子技术代替原有的机械结构或为了进行微电子控制对机械结构进行局部适应性设计,以使产品的性能和质量增加某些附加值。就建筑设计而言,适应性设计是针对不同建设要求和建设环境,建筑设计和建造时主动调整结构和构成方式的一个过程。早在 1919 年柯布西耶就提出了多米诺体系以满足不同居住者的个性要求。但是,现在国内虽然已有了不少关于此类的研究,但是对于建筑适应性的理解一直局限在结构的灵活性上,忽视了使用空间的灵活性。建筑适应性设计要为广大群众所接受就要实现功能性能之外的全面化适应发展。随着城市化的加快,新技术的发展,对于建筑师而言,首先要实现适时适当的回归,寻找传统的材料,技术,构造科学利用形体的构成和空间布局以及局部构造,在造型和概念的层面做些让步。其次,要满足居住的适应性的要求。精心规划道路的方向、建筑物的朝向和布局,充分利用环境和文化特征,设计适应生活的建筑广场,在控制成本的同时创造良好的居住性能。体现经济性与节能环保相结合的要求，减少对能源的消耗和对于建筑材料的浪费。总之，将最早出现于住宅设计之中的适应性建筑理论应用于其他设计之中，能够实现建筑设计的多元化思考，保证社区人们物质生活水平和精神生活水平的双发展。

适应性技术策略强调技术的选择与应用与此时此地的自然、经济和社会环境良性互动，包括环境适应和气候适应，不追求技术的"高、精、尖、全"，而是强调技术之间的整合；目的是寻求建筑的环境、经济、社会等综合效益的最大化。以高寒的北方区域举例来说，该技术方法的关键思想是以该区域的天气为前提，重视自然要素对建筑的干扰，关注建筑形式应变的内在机理，强调以建筑群体组合、建筑单体及建筑局部的空间形态应变，解决北方寒冷气候对建筑的影响。这里，气候适应性技术策略摒弃过度营建、美学滥用等以浪费资源为前提的"超前"意识。这种策略倡导共生、开放、和谐的环境意识；结合区域的天气特点，遵照环境控制思想，积极的分析建筑的功效和形态等的发展规律，布置相关的建筑要素，确保建筑有着优秀的适应性和调控水平，降低寒冷天气对于屋内的舒适性的负面效益。

针对现代医院建筑也提出了"高适应性"概念。我国现代的医院建筑，正经历着经济体制、医学模式和技术革命三大变革。市场经济使医疗服务由供给型转向经营型；现代整体医学模式要求人性化的整体医学环境；信息社会突破了医院的时空界限。医院在建成时具有一定稳定性，而这种稳定性是相对的，变化发展才是绝对的，因此要求医院建筑本身具有功能转换的应变能力和较强适应性。英国建筑师约翰·威克斯率先提出"设计者不应再以建筑与功能一时的最适应度为目的，真正需要的是设计一个能适应医院功能变化的医院建筑。"设计者在设计的规划及单体阶段就应留有一定的余地，使设计具有前瞻性。在我国，由于经济能力的限制，决定了医院建筑发展在相当长时期内以改扩建为主，以新建为辅。日益增长的社会需求不可能频繁地重建新建来满足，不得不依靠"高适应性建筑空间"的多适应性和可变性，才能较好地适应可预测变化和难于预测的变化。

从以往的设计项目当中可以看到，如果设计遵循合理的周期并有相对完整的设计过程，建筑设计的可变性会随之降低，前期阶段的模糊因素较多，设计的目标具有鲜明的多项性。迄今为止，建筑实践过程中的策划仍未有明确的定位和立法程序，策划良莠不齐，系统的方法也并未得到大范围的应用。但是这也说明在建筑理论界的进展是指向系统化的方向的。基于以上所属的种种方法和手段在同为复杂设计的飞机、航空、航海及工业设计中均有广泛应用。单就飞机设计举例，飞机设计的前期到方案定案阶段是一个严格的过程，这同建筑设计中前期形式化，而施工图审查阶段相对严格的程序迥然不同。飞机的安全性受前期因素的影响过多，但人们对于建筑的认识一直倾向于结构安全性，而结构安全性在施工图阶段才会有较为明确的体现。

这也是第 1 章里所列举的长期以来建筑适应性矛盾逐渐凸现的原因。生活方式的变化越慢,结构安全性愈高,建筑的可变性愈小,人们对建筑适应性的要求也并不强烈。而当生活方式变化速度加快时,结构生命周期却因科技的发展更为坚固,这种情况下建筑设计的适应性就被提到桌面上来。甚至于,在建筑设计的过程中,原先拟定的设计条件已经发生变化,建筑设计的输入不再是固定的静态的因素,而是需要不断调整的数据,同时建筑设计的多目标也存在变化的多样性趋势。这就给建筑设计的决策带来一定的难度。只有通过较新的系统决策方法才能解决上述问题。

同样建筑的物质生命周期的延长同快速变化的建筑功能周期的缩短是近年来的矛盾所在,在把握静态构件要素的基础上,将建筑的结构、设备等构件要素以一定的模式固化,依照人的尺度和人的行为模式尺度给定相对的空间。例如,生活方式变化了,家庭组成和生活时间变化了,人的生命周期和大的作息时间并不会发生大的变化,从这一角度对每一个小的构件要素细分为静态和动态,在下一步的研究中列举归纳,可以明确人的生命周期内哪些静态构件要素是可以固定的,哪些动态构件要素是变化的。同时从社会学、心理学、信息科学角度分析这些动态构件要素变化的强度,再通过系统方法进行分析,以达到建筑生命周期和人的生命周期的同步。

建筑设计的过程是一个动态的过程,建筑的生命周期也应是适应的过程,建筑的开放和共享的信息化平台使得建筑作为人的智慧的凝结体,具有自我认知和自我描述功能。在适当的时候通过共享和开放的"信息房契"提醒使用者和维护者进行必要的维护、改建和修缮,以便更好地适应人的变化需求,在以上所述的开放和共享的平台上进一步达到自适应。建筑在其生命周期内可以具有前文所述的有机体的自反馈和调节功能,这就是建筑智慧化的适应特征。

5.2.4　变化

变化是基于以上三个方面更为深入和精细的要求,是基于现代人对于生活精细化的要求提出的。信息的开放和共享、技术的发展和更新也使得人的需求不再停留在生理和安全阶段,需求在达到精神层面之后,不满足于固定的模式,人的本性在于求变,那么其所生存的环境也应具有变化的特质。变化涉及建筑的方方面面,外部造型、内部空间、交通体系、辅助空间等等,建筑以更加精细和动态的方式运作和生活,达到智慧的状态。2007 年,英国发明家汉密尔顿已经设计并准备在英格兰中部的德比郡建造一座能随太阳旋转的环保房屋。2009 年,澳大利亚一对夫妇建造了一座直径约为 24m 的房子,房子外围延伸出一个 $3m^2$、可以跟随太阳做 360°旋转的环绕阳台。房子中间是由管道和电力元件组成的动力装置,每个房间都和这个转动动力装置相连。整个装置由两个小型电机驱动,这两个电机仅占一个小型洗衣机的空间。并且整个动力装置由安装在生活区的触摸面板来控制。2010 年，德国建筑师 Rolf Disch 又建造了称为 Heliotrope 的三层旋转建筑，可以跟随太阳转动。

　　这只是人们在基于科技发展的基础上追求变化的一个例子，在人本位的层面上考虑设计对人的影响以及人对设计产生的互动，建筑研究者们并没有只停留在人体尺度和身体感觉的层面。作为与人共生的建筑以及建筑外环境的构筑物、建筑内环境和人亲密接触的陈设、家具、物品，都会从环境心理学角度对人产生精神层面的影响。因此建筑学家和建筑研究者开始将注意力转移到真正符合人体需求的，能够在人们追求身体、精神、灵魂到达一定高度的过程中起到帮助作用的建筑观或者建筑设计思考方式。那么首先要做的是解放人的标准化行为模式，把人的自由放松的状态更准确地呈现在建筑设计的过程之中。

　　作为著名的法国拉维莱特结构公园的设计者之一，现为加州大学伯克利分校的教授凯伦·葛兰兹（Galen Cranz），首先提出了"身体觉知设计"的概念，从设计角度颠覆了传统的人体工学的概念，着重变化，强调人的"本体"感受（proprioception）。葛兰兹教授提出了三个要素：对于人体的抽象哲学概念，解剖学角度，心理与身体交互影响的过程（psycho-physical processes），并且认为这三个要素是互相影响的。

　　20 世纪 90 年代，环境设计大师安莫斯·瑞坡普（Amos Rapoport）曾提出，感知（perception）必须透过一系列加密和解密的过程，传送到人的大脑之后，成为认知（cognitoin）。然而葛兰兹教授认为，身体与心智必须被视为一个整体（entity）来进行探讨，也就是所谓的"身灵"（body-mind）。在某些时候，人体脑内的认知以非常直接的传送与接收来回应外界的讯息，因此认知也可以被认为五感之外的另一种感知。人体是动态平衡的系统，不仅仅表现于人体工学（Ergonomics）所描述的数据，人体工学的诞生最初是从人体与机械之间的关系所发展出来的，倾向于把人体的不同部位当做可拆组合的机械单元，继而从人体在活动或静止的姿势中，测量总结出最适当的平均尺寸，整理成为标准化的数据。然而，"身体觉知设计"对于人体的态度，是倾向于建筑大师贝克敏斯特·富勒（Buckminster Fuller）所提出的张力平衡系统（Tensegrity Structure），将人体视为一个拉力与压力巧妙平衡的动态系统。作为情感、文化与身体的融合研究的设计哲学，"身体觉知设计"不仅运用在物质实体与空间设计上，也为人们提供了空间设计方式的新的可能性，包括从人体的身体、精神、情感灵魂出发来思考设计实践发展的新方向。通过合适的"身体觉知设计"，将一系列连续的动态的身体活动方式在设计中表现出来，人体所行动的建筑的内外环境可以和人的身体、精神、情感相互契合。

　　著名环境心理学家保罗·劳顿曾经提出"压力与行为能力模型"，指出处在过多外界支撑的环境下，会导致人体机能的被动化或退化，即人体因缺乏使用而造成局部肌肉僵化等不良现象。因此好的环境设计应该是鼓励使用者采用多种不同方法去使用空间，进而强化人体的活动与技能，这才是动态的舒适。

由此可见，建筑作为人与自然相协调的物质载体，在满足精神追求的目标驱动下，变化是永恒的追求。建筑的设计和建造甚至创意都是基于科技的进步而产生的。因此，建筑的智慧化过程必然要体现在人类精神的发展方向和本原追求上，即维持生命永续不断地变化上。而变化体现在建筑设计上，则包括以下几个方面：敏锐的感知，快速的反馈，与使用者共同适时的生长，生命周期的自维护和衰减后的信息传承。要达到以上的目标首先要在建筑设计的过程中及建筑生命周期的运作过程中建立成熟方便的体制，以供建筑师和使用者的互动维护。在此进一步强调建筑设计的过程不应只限于设计文件上，或设计文件交付使用之前，而应进一步扩大到建筑的全生命周期。建筑的产生、萌芽、生长、成熟、消亡的过程都应纳入到设计的任务体系之中，在这一体系中实现开放、共享、适应和变化，最终完成建筑的智慧化全过程（图 5-6）。

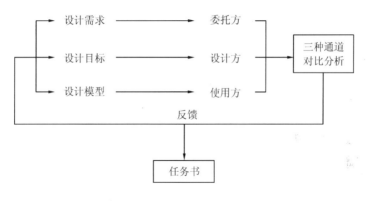

图 5-6　建筑设计智慧化程序示意

5.3　整体设计方法及策略分析

建筑整体智慧化设计流程在原理上并不新颖，创新之处在于从对设计分析的考虑中所得到的知识和经验使得流程的形式和结构更加完善，并能融入设计实践。特别是：

（1）构件要素的提取。一个成功的设计有赖于设计对于设计构件要素的明确分析，提取静态和动态构件要素，获得有效的设计过程，并通过基于当前技术最大化的横向沟通和交流能力，摆脱传统方法对设计的束缚。

（2）清晰的结构关系。通过跨学科的合作实现对于不明确结构关系的模型分析。这种分析在设计前期阶段到最后的目标都有不断的反馈作为调整和支持，当然也可以应用不同的分析工具来细化结构关系的动态过程。

（3）目标连续性和偏差最小化。通过动态的不断调整的建筑整体和设计流程的处理，特别是建筑运行最初阶段的结构性变动和外部干扰，实现对设计目标不断检查，以使设计方案和目标的偏差最小。

第6章　外延特征及实例分析

6.1　表　　征

全球化冲击及越来越快速的信息更新使得建筑师们迫切想要寻求具有高度认同感的表达方式，中国的建筑市场如同巨大试验场，建筑设计的影响因素不再单一，而是带有越来越多的人理范畴。前文已经论述过，建筑实践的初级阶段往往只包括解决物理问题、事理问题两个方面，这两个方面的静态因素占较多的份额，动态因素的变化也并不剧烈。建筑实践遵循一定的规律和法则，处理物质运动的理论和实践可以归为"物理"，主要解决用什么做的问题（WHAT）；研究构件要素之间的相关性和机理变化可以称之为"事理"，主要解决如何做的问题（HOW）；随着建筑设计的参与因素的复杂化，建筑设计过程也由原来单一的程序变成多人协作，多力量融合的设计过程，在建筑的方案决策阶段，参与的人员也愈来愈复杂化，这时候的设计过程的决策相当于复杂系统运筹学过程，多了一个"人理"的处理过程，主要解决为什么做和如何做得最好的问题（WHY）。建筑设计的过程是物质载体设计、系统组织设计与精神空间设计的动态统一。因此建筑的智慧化过程的表征应该可以同时满足这三方面的要求，可以同时揭示这三方面要求的融合。

建筑设计的智慧化过程就是利用最新的系统化方法，同时处理物理、事理、人理三方面的矛盾。与之同步的应对策略也在不断地被重建或重构的过程中快速更新。人们在实验的过程中越来越快速地对问题进行反馈，这类问题集中表现在信息的冲击和需求的多变同普遍的建筑设计体系或设计模式僵化之间的矛盾；建筑设计实践和建筑理论研究的脱节造成设计方法的缺乏应变性等。

建筑设计基于成熟技术的设计方式，投资额度的不可准确预知性，建设过程中具体问题的反馈机制的不完善性都是影响建筑设计方法变化的关键。同样的技术条件下，建筑设计的方法也要受不同的社会机制的影响，制度及决策的过程在很大程度上影响了建筑师对于设计过程采用何种设计方法。

全球化的发展使影响建筑设计方法的因素变得复杂而无序，快速制造缩短了建筑设计的思考时间，建筑实践和理论的脱节是当今中国建筑界的严重问题，信息化时代的需要针对建筑实践的有序的建筑设计方法，建筑设计方法在当今的时代是针对个人使用的还是团队使用的，抑或是更大的虚拟团队才可应对如此快速变化的需要是每一个建筑师需要深思的问题。如何使建筑设计方法对于建筑师更为明晰，对于投资者更为容易解释、沟通，操作性强，对于使用者更为透明，如何使建筑设计方法和建筑心理学有机融合以解决建筑归属感和层次感缺失的问题，都是建筑设计智慧化体系研究的层面。

在我国目前的制度下，建筑师参与设计的不完整性是造成建筑设计过程容易出现问题的重要原因，因此对于建筑设计的智慧化表征的描述仅是一个开始。在这个表征下，进一步对建筑设计的影响因素进行类型学的归类整理是当务之急。在此通过一个实例来描述智慧化过程的某一种手段。需要强调的是，建筑的智慧化方法是一个复杂的设计过程，并不能用一种手段或者系统方法加以概括，有关比较适用的设计方法也还在试验当中，如下面即将论述的因子分析和层次分析方法就是实验性方法之一，在这里未能体现建筑设计中构件要素之间的影响机理和模式。对于建筑设计而言，多目标优化和多目标遗传算法也许更为适合，但是由于时间所限，缺乏大量的数据支持和相关的数据训练，有待后续深入的挖掘和跨学科的协作研究。

6.2　实　　例

6.2.1　分析

本节以集贤镇鼓乐映南示范项目设计规划为例，在传统化设计的过程中同时加入智慧化设计的过程，说明建筑智慧化设计方法在方案决策阶段的应用。当然，智慧化框架的建立、完成、成熟、认知、认可需要较长的时间和大量的数据支持，在此主要是通过单一案例的描述来说明建筑智慧化设计过程的阶段性成果，以表明前文所述的建筑设计的智慧化的合理性和可能性以及研究的延续性。

这里略去案例的方案图纸的演变过程，仅描述设计的方法过程。基本思路可分为五个环节，具体为：基础权重指标集建立、基础权重收集（问卷调研）、数据降维（因子分析）、影响因子权重分配（层次分析法）、方案评价。

1. 建立基础权重指标集

根据影响建筑设计的三个方面：建筑设计、影响建筑构件要素的结构关系和空间组合方式，细化建筑设计需要考虑的因素，具体到指标，得到基础权重指标集如表 6-1 所示。

表 6-1　影响建筑设计方案的基础权重指标集

分类	指标
静态构件要素	1.1 地域历史景观的保护与继承
	1.2 地域气候影响
	1.3 地域文化影响

分类	指标
	1.4 生活方式
	1.5 传统性
	1.6 归属感
	1.7 认知度
	1.8 沿街轮廓线
	1.9 街道尺度
	1.10 城镇景观
	1.11 居民参与设计
	1.12 通用设计
	1.13 人的尺度
	1.14 安全感
	1.15 考虑儿童和老年人
静态构件要素	1.16 过渡空间
	1.17 空间布局的私密性
	1.18 室外开放空间
	1.19 室内公共空间
	1.20 无障碍
	1.21 体块关系
	1.22 动静分区
	1.23 容积率
	1.24 建筑密度
	1.25 绿地率
	1.26 地形
	1.27 朝向
	1.28 停车数
	1.29 体型系数
	1.30 功能流线
	1.31 日照间距
	1.32 土地成本
	1.33 绿化景观
	1.34 市政公用设施
	1.35 交通
	1.36 土建
	1.37 设备

续表

分类	指标
影响建筑构件要素的结构关系	2.1 对称
	2.2 节奏
	2.3 比例
	2.4 均衡
	2.5 尺度
	2.6 韵律
	2.7 大小
	2.8 形状
	2.9 组织
空间语法	3.1 空间的限定
	3.2 空间的形状与界面处理
	3.3 空间的围透
	3.4 空间的穿插与贯通
	3.5 空间的导向与序列

2. 收集基础权重数据

为了判定上述指标集对建筑设计方案的影响大小，本书采用了问卷调查的方式收集数据，调研对象主要集中在陕西、湖南、广东、上海等地的建筑设计研究院等单位。在问卷设计中，主要采用了以下几种方法来保障收集数据的可靠性和有效性。第一，大量的文献研究。第二，直接对行业内专家进行深入访谈（indepth field interview）。第三，预测试，即在问卷形成后，在小范围内进行了预调研，根据预调研的反馈，对问卷进行了修改和调整。形成的最终问卷参见附录。

问卷中，对每一个题项又做了分拆处理，将其按照建筑设计先后过程划分为三个阶段：前期阶段、方案阶段和施工图阶段。被访者需要对该指标项（题项）在不同设计阶段对建筑方案的重要程度分别作出判断。后期的数据处理，依照30%、40%和30%的权重进行加权汇总，算得到该指标的重要性数据。

由于本研究应答者对问卷问题的回答多是建立在主观评价之上，因此有可能会导致问卷结果并不准确，出现偏差（bias）。Fowler（1988）认为主要有四个基本原因会导致问卷应答者对题项做出非准确性的回答。尽管没有措施能够完全消除以上四个因素可能带来的问题，但是，采取一定的行动可以限制这些问题带来的影响。原因一为应答者不知道所提问问题的答案信息。对此，通过认真选择应答者（均为从事建筑行业并有一定行业经验的人士）并为答卷预留了较长的时间和沟通的机会来解决。原因二为应答者没有回答这些问题的意愿。对此，在与应答者沟通中，特别强调了会将研究内容和结果的电子版通过电子邮件的形式发送给他们，希望对他们的工作提供一定的参考。另外，在问卷中，特别说明，本问卷结果用于学术研究，不涉及商业用途，并承诺对应答者的个人信息保密，同时不利用单个样本的信息。原因三为应答者不能理解所问的问题。预测试结果帮助消除了此风险，类似应答者对修改后的问卷的理解不存在问题。原因四是应答者不能回忆所提问题答案的信息。此调研中，应答者从事职业与问题直接相关，因此不存在回忆或记忆。

调查通过电子邮件方式进行，并以电话形式与被访人进行了沟通。发放问卷 193 份，实际回收有效问卷 150 份，有效率为 77.72%。样本在基本资料上的分布见表 6-2～表 6-5。

表 6-2　样本的职务分布

项目	职务	频率	百分比	有效百分比	累积百分比
	总建筑师	4	2.67	2.82	2.82
	项目负责人	35	23.33	24.65	27.47
有效	工种负责人	10	6.67	7.04	34.51
	其他	93	62.00	65.49	100.00
	小计	142	94.67	100.00	—
缺失		8	5.33	—	—
合计		150	100.00	—	—

表 6-3　样本的学历分布

项目	学历	频率	百分比	有效百分比	累积百分比
	研究生及以上	36	24.00	24.16	24.16
有效	本科	112	74.66	75.17	99.33
	大专	1	0.67	0.67	100.00
	小计	149	99.33	100.00	—
缺失	系统	1	0.67	—	—
合计		150	100.00	—	—

表 6-4　样本所在公司的类型分布

项目	类型	频率	百分比	有效百分比	累积百分比
	方案	86	57.33	58.90	58.90
	施工图	18	12.00	12.33	71.23
有效	规划	10	6.67	6.85	78.08
	策划	2	1.33	1.37	79.45
	建筑院校	30	20.00	20.55	100.00
	小计	146	97.33	100.00	—
缺失	系统	4	2.67	—	—
合计		150	100.00	—	—

表 6-5　样本对项目全生命周期的熟悉程度

项目	熟悉程度	频率	百分比	有效百分比	累积百分比
有效	熟悉	41	27.33	28.27	28.27
	一般	70	46.67	48.28	76.55
	不熟悉	34	22.67	23.45	100.00
	小计	145	96.67	100.00	—
缺失	系统	5	3.33	—	—
合计		150	100.00	—	—

3. 数据降维

前两个步骤初步确定了影响建筑设计方案的基本评价指标，但以变量形式体现的指标数量较多，达到 51 个，并且相互之间可能存在很强的关联性。这样信息可能重叠，问题也变得更加复杂。如果多个指标反映的内在因素只有较少的几个，而且能将这些因素提取出来，则对认识事物有非常大的帮助。因此，有必要用少数几个不相关（独立）的综合变量来反映原变量提供的大部分信息。从数学角度来看，这就是降维的思想，目标就是把多个指标转化为少数几个综合指标。这里以因子分析的方法实现这一过程。

因子分析（factor analysis）属于多元统计分析技术范畴，其主要目的是浓缩数据。通过研究多个变量间的内部关系，探寻观测数据中的基本结构，并用少数几个假想的变量来表示基本的数据结构。找到的这些假想变量能够基本反映原来众多的原始变量所代表的主要信息，并能解释这些基本变量之间的相互依存关系。其中，假想变量也就是因子。限于篇幅，本书不详细介绍因子分析的原理和步骤，有兴趣的读者可以查阅相关著作和文献。

引入因子分析，是为了简化数据或寻找数据内部的基本结构，但在此之前必须判断原始数据是否符合这种方法的前提条件。因子分析要求原始观测变量内部具有较强的相关关系。若变量之间的相关程度很小，就不能共享公因子。一般情况下，反映象相关矩阵（anti-image correlation matrix）、巴特利特球体检验（bartlett test of sphericity）和 KMO 测度（kaiser-meyer-olkin measure of sampling adequacy）3 个统计量可以帮助判断观测数据可否进行因子分析。

以 SPSS 软件为工具，以调研数据得到反映象相关矩阵显示，矩阵中绝大多数元素的值都很小；巴特利特球体检验统计量的显著性水平为 0.000；计算得到 KMO 值则为 0.962（通常认为 0.9 以上非常适用因子分析）。因此，样本数据表现出较好的内部存在公因子的特征，适宜于因子分析法提取公因子。

在探测性因子分析中，求解初始因子的主要目的是确定能够解释观测变量之间相关系数的最小因子个数。求解方法主要有主成分分析法和公因子分析法。这里采用主成分分析法，根据特征值大于或接近于 1 的原则，共提取了 5 个潜在公

因子。6 个因子解释的总方差如表 6-6 所示，每个指标变量的公因子方差如表 6-7
所示。

表 6-6　公因子解释的总方差

成分	初始特征值			提取平方和载入			旋转平方和载入		
	合计	方差%	累积%	合计	方差%	累积%	合计	方差%	累积%
1	36.923	72.398	72.398	36.923	72.398	72.398	11.969	23.468	23.468
2	1.752	3.436	75.834	1.752	3.436	75.834	11.743	23.026	46.494
3	1.485	2.912	78.746	1.485	2.912	78.746	8.019	15.724	62.218
4	1.161	2.276	81.021	1.161	2.276	81.021	5.900	11.568	73.786
5	0.975	1.911	82.933	0.975	1.911	82.933	4.665	9.147	82.933
6	0.897	1.760	84.692	—	—	—	—	—	—
7	0.659	1.292	85.984	—	—	—	—	—	—
8	0.619	1.214	87.198	—	—	—	—	—	—
9	0.523	1.026	88.224	—	—	—	—	—	—
10	0.500	0.981	89.205	—	—	—	—	—	—
11	0.415	0.813	90.018	—	—	—	—	—	—
12	0.349	0.685	90.703	—	—	—	—	—	—
13	0.339	0.664	91.367	—	—	—	—	—	—
14	0.322	0.631	91.998	—	—	—	—	—	—
15	0.278	0.546	92.544	—	—	—	—	—	—
16	0.268	0.525	93.069	—	—	—	—	—	—
17	0.245	0.480	93.550	—	—	—	—	—	—
18	0.233	0.457	94.006	—	—	—	—	—	—
19	0.230	0.450	94.456	—	—	—	—	—	—
20	0.209	0.410	94.866	—	—	—	—	—	—
21	0.202	0.395	95.261	—	—	—	—	—	—
22	0.190	0.372	95.634	—	—	—	—	—	—
23	0.172	0.338	95.972	—	—	—	—	—	—
24	0.157	0.308	96.280	—	—	—	—	—	—
25	0.146	0.286	96.566	—	—	—	—	—	—
26	0.137	0.269	96.835	—	—	—	—	—	—
27	0.136	0.266	97.101	—	—	—	—	—	—
28	0.118	0.232	97.333	—	—	—	—	—	—
29	0.112	0.220	97.553	—	—	—	—	—	—
30	0.110	0.215	97.768	—	—	—	—	—	—

续表

成分	初始特征值			提取平方和载入			旋转平方和载入		
	合计	方差%	累积%	合计	方差%	累积%	合计	方差%	累积%
31	0.106	0.209	97.977	—	—	—	—	—	—
32	0.102	0.201	98.178	—	—	—	—	—	—
33	0.089	0.175	98.353	—	—	—	—	—	—
34	0.084	0.164	98.517	—	—	—	—	—	—
35	0.080	0.158	98.674	—	—	—	—	—	—
36	0.076	0.148	98.822	—	—	—	—	—	—
37	0.070	0.137	98.959	—	—	—	—	—	—
38	0.063	0.124	99.083	—	—	—	—	—	—
39	0.057	0.111	99.194	—	—	—	—	—	—
40	0.051	0.100	99.294	—	—	—	—	—	—
41	0.049	0.096	99.390	—	—	—	—	—	—
42	0.045	0.089	99.479	—	—	—	—	—	—
43	0.044	0.086	99.565	—	—	—	—	—	—
44	0.038	0.075	99.640	—	—	—	—	—	—
45	0.036	0.071	99.711	—	—	—	—	—	—
46	0.032	0.062	99.773	—	—	—	—	—	—
47	0.029	0.057	99.830	—	—	—	—	—	—
48	0.028	0.055	99.885	—	—	—	—	—	—
49	0.023	0.045	99.930	—	—	—	—	—	—
50	0.020	0.040	99.970	—	—	—	—	—	—
51	0.017	0.035	100.000	—	—	—	—	—	—

表 6-7　变量的公因子方差

变量	初始	提取
3.2 空间的形状与界面处理	1.000	0.902
1.24 建筑密度	1.000	0.901
2.5 尺度	1.000	0.898
3.1 空间的限定	1.000	0.894
2.3 比例	1.000	0.884
1.25 绿地率	1.000	0.883
1.30 功能流线	1.000	0.882
2.2 节奏	1.000	0.879
1.15 考虑儿童和老年人	1.000	0.876
1.21 体块关系	1.000	0.875
1.31 日照间距	1.000	0.875
1.23 容积率	1.000	0.869
3.3 空间的围透	1.000	0.868
1.13 人的尺度	1.000	0.865
3.5 空间的导向与序列	1.000	0.864

变量	初始	提取
2.9 组织	1.000	0.863
3.4 空间的穿插与贯通	1.000	0.861
2.6 韵律	1.000	0.859
1.22 动静分区	1.000	0.858
1.18 室外开放空间	1.000	0.855
1.27 朝向	1.000	0.854
1.28 停车数	1.000	0.849
2.7 大小	1.000	0.848
1.9 街道尺度	1.000	0.845
1.37 设备	1.000	0.842
1.16 过渡空间	1.000	0.841
1.19 室内公共空间	1.000	0.841
1.35 交通	1.000	0.839
1.36 土建	1.000	0.836
1.5 传统性	1.000	0.832
1.6 归属感	1.000	0.824
1.17 空间布局的私密性	1.000	0.818
1.34 市政公用设施	1.000	0.818
1.14 安全感	1.000	0.814
1.20 无障碍	1.000	0.810
1.7 认知度	1.000	0.810
1.10 城镇景观	1.000	0.793
1.29 体型系数	1.000	0.792
2.4 均衡	1.000	0.785
1.1 地域历史景观的保护与继承	1.000	0.785
1.26 地形	1.000	0.780
1.12 通用设计	1.000	0.776
2.1 对称	1.000	0.773
1.32 土地成本	1.000	0.770
1.3 地域文化影响	1.000	0.764
2.8 形状	1.000	0.761
1.2 地域气候影响	1.000	0.756
1.33 绿化景观	1.000	0.755
1.8 沿街轮廓线	1.000	0.748
1.4 生活方式	1.000	0.739
1.11 居民参与设计	1.000	0.686

注：表中各变量前的序号对应表 6-1。

　　从表6-6可以看出，提取的5个公因子可以解释约82.93%的总方差，每一指标变量的公因子方差均在0.5以上，且绝大多数超过0.7，表明公因子能够较好的反映原各指标变量的大部分信息。

　　通过因子提取过程后，基本达到了数据化简的目的，并确定了因子个数和每个变量的公因子方差。但根据初始因子解，往往很难解释因子的业务意义，大多数因子和很多变量都相关。因子旋转的目的就是通过坐标转换使得上述因子解的实际意义更为显性化。因子旋转的方式分为两种：一种为正交旋转，旋转之后因子轴之间的夹角仍然保持90°；另一种为斜交旋转，因子之间的夹角可以是任意的。前者可以使得因子之间不再相关，而后者则不一定。

　　这里采用正交旋转中的四次方最大法。旋转后，删去每个变量在各因子上小于0.5的载荷系数值，同时删去变量在2个因子上均有不小于0.5的载荷系数中的较小值，按降序排列，得到如表6-8所示的因子载荷系数（最后三个指标在各因子上的载荷系数均小于0.5，不进入因子解释，故全部展现）。

表6-8　旋转后的因子载荷系数

基础权重指标	因子1	因子2	因子3	因子4	因子5
3.3 空间的围透	0.791	—	—	—	—
2.9 组织	0.745	—	—	—	—
3.2 空间的形状与界面处理	0.735	—	—	—	—
3.4 空间的穿插与贯通	0.731	—	—	—	—
3.5 空间的导向与序列	0.718	—	—	—	—
2.6 韵律	0.707	—	—	—	—
2.2 节奏	0.700	—	—	—	—
2.7 大小	0.688	—	—	—	—
2.3 比例	0.685	—	—	—	—
2.1 对称	0.671	—	—	—	—
2.4 均衡	0.658	—	—	—	—
2.5 尺度	0.654	—	—	—	—
3.1 空间的限定	0.654	—	—	—	—
2.8 形状	0.649	—	—	—	—
1.24 建筑密度	—	0.801	—	—	—
1.23 容积率	—	0.765	—	—	—
1.25 绿地率	—	0.758	—	—	—
1.30 日照间距	—	0.682	—	—	—
1.21 体块关系	—	0.667	—	—	—
1.28 停车数	—	0.654	—	—	—
1.26 地形	—	0.640	—	—	—
1.30 功能流线	—	0.637	—	—	—
1.22 动静分区	—	0.620	—	—	—

续表

基础权重指标	因子 1	因子 2	因子 3	因子 4	因子 5
1.27 朝向	—	0.609	—	—	—
1.13 人的尺度	—	0.603	—	—	—
1.20 无障碍	—	0.574	—	—	—
1.15 考虑儿童和老年人	—	0.548	—	—	—
1.32 土地成本	—	0.540	—	—	—
1.9 街道尺度	—	0.535	—	—	—
1.35 交通	—	0.533	—	—	—
1.8 沿街轮廓线	—	0.521	—	—	—
1.36 土建	—	0.515	—	—	—
1.14 安全感	—	0.506	—	—	—
1.5 传统性	—	—	0.778	—	—
1.7 认知度	—	—	0.760	—	—
1.6 归属感	—	—	0.750	—	—
1.2 地域气候影响	—	—	0.646	—	—
1.4 生活方式	—	—	0.636	—	—
1.3 地域文化影响	—	—	0.609	—	—
1.12 通用设计	—	—	0.605	—	—
1.1 地域历史景观的保护与继承	—	—	0.592	—	—
1.11 居民参与设计	—	—	0.524	—	—
1.19 室内公共空间	—	—	—	0.634	—
1.18 室外开放空间	—	—	—	0.626	—
1.16 过渡空间	—	—	—	0.603	—
1.17 空间布局的私密性	—	—	—	0.568	—
1.34 市政公用设施	—	—	—	—	0.561
1.37 设备	—	—	—	—	0.534
1.33 绿化景观	0.475	0.403	0.248	0.396	0.386
1.10 城镇景观	0.444	0.399	0.413	0.426	0.290
1.29 体型系数	0.442	0.453	0.339	0.299	0.432

注：表中指标前的序号对应表 6-1。

借助因子载荷矩阵，根据载荷系数大于 0.5 的原则，可以对因子做出业务解释。

因子 1 支配的指标有空间的围透、组织、空间的形状与界面处理、空间的穿插与贯通、空间的导向与序列、韵律、节奏、大小、比例、对称、均衡、尺度、空间的限定、形状，因此可称之为功能分析因子。因子 2 支配的指标有建筑密度、容积率、绿地率、日照间距、体块关系、停车数、地形、功能流线、动静分区、朝向、人的尺度、无障碍、考虑儿童和老年人、土地成本、街道尺度、交通、沿街轮廓线、土建、安全感，可称之为规划因子。因子 3 支配的指标有传统性、认知度、归属感、地域气候影响、生活方式、地域文化影响、通用设计、地域历史景观的保护与继承、居民参与设计，可称之为人文因子。因子 4 支配的指标有室内公共空间、室外开放空间、过渡空间、空间布局的私密性，可称之为场景因子。因子 5 支配的指标有市政公用设施、设备，可称之为设施因子。

通过具有 Kaiser 标准化的四分旋转法得到的因子得分协方差矩阵的分析结果表明，它们之间没有交叉支配关系。因此可认为，对建筑设计方案进行评估，结果受到功能分析、规划、人文、场景、设施等五个因素的影响，如表 6-9 所示。

表 6-9　建筑设计方案影响因子

影响因子	解释
功能分析	空间大小、质感、量的规定性
规划	主要表现为相关的规划指标
人文	方案初期提出的人文设计要求
场景	有关场地的条件
设施	有关设备的因素

4. 影响因子权重分配

得到上述影响因子之后，还需要判断各因子对建筑设计方案影响程度孰轻孰重，此处借助层次分析法来实现。

20 世纪 70 年代初，美国运筹学家 Saaty 教授提出层次分析法（analytic hierarchy process，AHP）。AHP 方法的基本过程是：将评价对象分解为若干个层次，形成不同的组成因素、指标，按照因素间的内部关系组合后，得到一个有确定关系的、多个层次的结构评价体系。该方法中对各个子系统的评价，本质是确定低层因素相对于高层因素的重要性，即权重，进而在这个基础上构建出多个评价方案的相对优劣排序。

首先，建立层次结构模型。基本方法是将目标决策分解为具体的几个子目标，以子目标作为次高层，依次类推。例如，针对某一多目标决策，总体可以分为三层：最高层，这一层次中只有一个元素，一般它是分析问题的预定目标，也称为目标层。中间层，这一层次中包含了为实现目标所涉及的中间环节，也叫准则层，它可以由若干个层次组成。最底层，这一层次包括了为实现目标可供选择的各种决策方案等，也称为方案层或措施层。

如本研究中，最高层为“选择建筑设计方案”，中间层为表 6-9 中述及的 5 个影响因子，方案层则为 2 个或 2 个以上具体备选建筑设计方案 P_1，P_2，P_i

（图 6-1）。

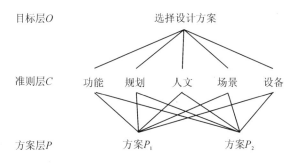

图 6-1　建筑设计方案评估层次结构

　　另一种应用方法是，当方案层仅有 1 个方案或者不适合做两两对比时，则可用 AHP 方法测定准则层的多个因子的权重值，进一步邀请专家为该方案的每个因子评分（设定最高分值），以加权平均的方法求得方案的最终得分。这里选用第二种方法。

　　其次，构造判断矩阵。判断矩阵是指，针对上一层次的某个因素，本层次内与该因素相关的其他各个因素之间的相对重要性。形式上表现为一组多元素的判断矩阵。

$$\begin{bmatrix} A_k & B_1 & B_2 & B_j & B_n \\ B_1 & x_{11} & x_{12} & x_{1j} & x_{1n} \\ B_2 & x_{21} & x_{22} & x_{2j} & x_{2n} \\ B_i & x_{i1} & x_{i2} & x_{ij} & x_{in} \\ B_n & x_{n1} & x_{n2} & x_{nj} & x_{nn} \end{bmatrix}$$

　　其中，x_{ij} 是对于上层 A_k 而言，B_i 对 B_j 的相对重要性的数值表示，x_{ij} 是 B_i 与 B_j 相比的值，一般采用 1～9 共 9 个标度来表示。

　　判断矩阵标度定义如表 6-10 所示。显然，任何判断矩阵都应满足 $x_{ij} = 1/x_{ji}$，且 $x_{ii} = 1$。

表 6-10　判断矩阵标度值及其示意

标度	含义
1	两个构件要素相比，具有同样重要性
3	两个构件要素相比，前者比后者稍微重要
5	两个构件要素相比，前者比后者明显重要
7	两个构件要素相比，前者比后者强烈重要
9	两个构件要素相比，前者比后者极端重要
2，4，6，8	上述相邻判断的中间值
倒数	两个构件要素相比，后者比前者的重要性标度

本实例中，构建判断矩阵见表6-11（因不需要做方案的比较和选择，故无需构建 C 对 P 层的判断矩阵）。

表 6-11　目标层判断矩阵

选择方案 O	功能 C_1	规划 C_2	人文 C_3	场景 C_4	设备 C_5
功能 C_1	1	1/3	1/5	1/7	1/9
规划 C_2	3	1	1/5	1/5	1/7
人文 C_3	5	5	1	2	1/5
场景 C_4	7	5	1/2	1	1/3
设备 C_5	9	7	5	3	1

最后，层次单排序及一致性检验。层次单排序，在数学上，可以看做是判断矩阵的特征值和特征向量的计算问题，即对判断矩阵 B 计算满足 $BW = \lambda_{max} W$ 的最大特征值 λ_{max} 与对应的、经过归一化处理的特征向量 W，$W = (W_1, W_2, \cdots, W_n)$。这个处理就是 $B_1, B_2, \cdots, B_n$ 对于上一层次元素 A_k 的单排序权值。

其中，λ_{max} 可以作为 B 的一致性检验指标，并定义为：$CI = (\lambda_{max} - n)/(n-1)$。若 B 完全一致，则有 $CI=0$，即完全一致时，判断矩阵有最大特征值 n，其余的特征值全部为 0，故满足 $\lambda_{max} = n$；一般情况下，$\lambda_{max} > n$。一致性与 CI 成反方向变化。判断 B 是否具有一致性，一般拿 CI 值比较平均随机一致性指标 RI。RI 的值见表6-12。

表 6-12　平均随机一致性指标

矩阵阶数	1	2	3	4	5	6	7	8	9
RI	0	0	0.52	0.89	1.12	1.26	1.36	1.41	1.46

显然，一、二阶的判断矩阵总是具有一致性的，故无需检验。当判断矩阵的阶数大于 2 时，记 $CR=CI/RI$ 为判断矩阵的随机一致性比例。如果 $CR<0.10$，就认为判断矩阵具有满意的一致性，可根据 $W_1, W_2, \cdots, W_n$ 的大小将 $B_1, B_2, \cdots, B_n$ 排序，否则就需要调整判断矩阵，并重新进行检验。

经计算，上述各因子的权重见表6-13。

表 6-13　影响因子的权重值

影响因子	归一化 W_i
功能 C_1	0.034 371 4
规划 C_2	0.062 998 3
人文 C_3	0.208 974 1
场景 C_4	0.193 869 9
设备 C_5	0.499 786 3

目标层判断矩阵 $\lambda_{max} = 5.396$，$CI=0.099$，5 阶矩阵的 RI 值为 1.12，因此 $CR=0.088<0.1$，通过一致性检验。

具备方案层的 AHP 过程还需要做层次总排序及一致性检验，这里仅借助 AHP 方法达到建筑方案评价的准则层权重分配，因此不需要做层次总排序及一致性检验。

5. 方案评价

设定每个因子的最高得分为 100 分，并确定方案最终得分 80 分为通过值。邀请 7 名专家（评估小组）就生成的方案做各因子评分，评分表中详细说明了每个因子的内在含义及其影响要素。最后取专家评分的平均值作为方案各因子的最终评分（表 6-14）。

表 6-14　某住宅小区设计方案第一轮评估得分

因子	专家 A	专家 B	专家 C	专家 D	专家 E	专家 F	专家 G	平均
功能 C_1	89	88	86	91	90	95	88	89.57
规划 C_2	89	87	89	87	90	89	92	89
人文 C_3	89	89	87	90	92	87	87	88.71
场景 C_4	79	79	80	80	81	80	79	79.71
设备 C_5	80	75	74	74	80	80	81	77.72

以前述权重值为权数，将各因子最终得分加权平均：

方案得分 $= C_1 * W_1 + C_2 * W_2 + C_3 * W_3 + C_4 * W_4 + C_5 * W_5$

得到方案的最终得分为 81.52，该得分可以作为方案取舍的依据。

以此计算的方案得分，不仅可以看到针对方案的最终评价结果，而且可以分析每个因子评价得分值的高低，找到方案设计的短板所在，进而回溯到每个因子下的各个基础权重指标，以此为依据对方案做出调整和修改。

表 6-14 为案例方案第一轮提交评估的得分，其中设备得分较低，最终总分仅为 77.72 分。其后，针对设备因子进行了方案修改，第二轮提交评估时，得分见表 6-15。

表 6-15　某住宅小区设计方案第二轮评估得分

因子	专家 A	专家 B	专家 C	专家 D	专家 E	专家 F	专家 G	平均
功能 C_1	91	90	89	92	95	96	87	91.42
规划 C_2	89	87	86	86	89	90	93	88.57
人文 C_3	88	89	85	91	96	87	86	88.85
场景 C_4	87	86	88	89	88	86	85	87
设备 C_5	92	90	87	89	87	85	86	88

计算出方案得分为 88.13，分值较高，因此获得通过。

6.2.2　构思

本案例在构思过程中采用图面表达和系统方法结合的办法，是为了在设计的过程中解决建筑设计任务的多目标模糊控制过程的问题。作者曾在某高校综合科技办公楼设计中也试用此方法，针对前期设计方案，进行因素提取和分析，并在建设方、使用方和相关设计人员以及各设计单位参与过类似设计的人员中进行调研，积累数据并加以分析。同时将每一轮方案投标的过程及反馈意见和数据分析的结果相对比，对比的各项吻合度极高。此外也将投标过程中的反馈意见和数据分析的短板因子加以修正，在下一轮的方案中予以平衡。结果发现，方案的发展及定案呈现明确深入的趋势，方案的反复较少。而且，在投标中就相关因素作合理性针对性地解释，各方人员也都表示容易接受。

系统的设计方法有助于建筑师在设计的过程中理清思路，有助于设计团队对于相关因素进行及时准确的调整。本方法只是建筑智慧化设计的一个阶段成果的实验项研究案例，不能代表所有设计的过程。但是数据和图面表达以及设计各方的吻合度及接受程度表明，设计的可解释性在前期定案的过程中是有必要的。尤其是在调研的过程中发现，方案阶段的动态因素权重远远超出施工图阶段，这和我国对于建筑项目的过程控制要求是基本一致的。往往从前期阶段到扩大初步设计阶段，由于无法使更多相关的人员参与进来，设计不确定性较高，但是施工图纸前的定案对于设计的程序又是难以更改的文件。因此对于前期任务书的确定固然是方案设计的重要依据，方案过程中相关因素的确定也是一项艰巨的任务。基于此，前文的展望中已经提到，如果可以通过数据的训练、结构模型的模拟建立更有效的人机界面，以提高建设方、使用方和设计方的沟通效率，在建筑设计的构思方向是一项可喜的成绩。

6.2.3　设计

本案例在设计的过程中主要使用空间的变化从松散的空间布局到极为紧凑的生活模式空间再到可灵活变化的空间方式，人们对建筑的需求从追求同一化到个性化的独特感官享受，无一不体现着人们生活方式的变化。生活方式的变化有着极强的区域性，但在全球化视野下人们往往借助于普遍性的表达方式。表达于外在因素的诉求占任务书内容的 88% 甚至更多，对于空间结构关系和使用的表现几乎没有，或者即使有，也很少站在真正使用者的角度去考量。因为许多的建筑物在设计之初都无法明确使用者的构成和角色。策划者和任务书制定者凭借有限的资料和少数的直觉在建筑市场上拼杀，建筑设计师所依赖的大众认知结果是由不明确的报告和网上调查及经验数据而组成的，没有前瞻性的发展调研，没有科学的数据作为依据，没有心理学的指导分析，没有经济和社会学的支持，开发和设计者都是摸着石头过河。

在这种情况下，设计者只有采取基于自我认识的大众化的普遍性表达方法，即采用市场上较为成熟、为大众喜闻乐见的表达方法，在空间、造型上加以运用，快速加工、输出设计产品。设计者最常采用的方式就是，在前期的沟通过程中，广泛听取开发商的喜好，以专业的角度建议开发商业多听取销售的意见，以获取更务实的大众认知心理和销售率，进而对大量的实例——建成的未建成的，照片及效果图，进行心理上的问讯，以获取最接近开发商需求的产品功能及造型的主要构成因素。由此可以形成较为明确的设计框架任务书，在这样的框架下进行的产品开发就具备明确的方向，继而在开发的过程中可以不断调整需求和半成品之间的差距，产品的功能和造型逐渐接近期望目标。作为较为成功的设计实践方法，普遍性表达的设计过程在对于不明确使用者的由开发商开发的商业类产品而言，恰恰适应了全球化过程中人们对于快速认同感的追求，而信息高速化开放化共享化的中国特色也为这一设计过程创造了滋生的土壤和蓬勃生长的有利条件。

本案例中对于相关的诉求表达进行了因素分析和数据处理，提出设计的静态指标集中在面积和公摊系数上，在居住空间内推出 $90\sim120\mathrm{m}^2$ 的灵活空间户型，对于室内空间的结构和管线集中设置，采用定制的方式提供较多类型的空间处理及可变性方案，这一动态的设计方式在方案推进的过程中取得了良好的反响。

6.2.4 维护

维护主要集中在建筑使用的过程中，采用智慧化的方法对于建筑设计过程中的相关因素进行整理，结合智能化的方式进行数据输入和变化结构模型模拟，形成所谓的"信息房契"。建筑的信息和维护的信息均以可操控的人机界面展示，从而在使用的过程中可以使持有者很容易地解读有关建筑的生长情况，通过信息共享可以较快地感知建筑的维修、更新及持有者需要变动的因素的可行性。建筑不再是不可了解的庞然大物，而是和使用者共生共长的有机体。同时结合建筑的评估系统对已建成的建筑进行评估，并输入"信息房契"，积累的数据作为同类型设计的依据，使设计在全球化的大系统下进入良性循环。

这里的维护是智慧化的维护过程，作者就在建和已建成的建筑进行了数据搜集，为建立"信息房契"积累了大量的实验性数据，建筑的周期相对较长，不是本书所能允许的范围内可以囊括的。本书主要集中在建筑设计的过程，对于建筑全生命周期的过程如何实现智慧化的演进，这将是一项极有意义的课题，也预备在将来的研究中深入进行。

6.3　智慧化整体设计

实例表明，建筑的智慧化整体设计是可行的，但是也是一个较为艰巨的任务。智慧化整体设计的框架建立对于深入的研究有积极的意义，本章所述的案例都是基于第 3 章的框架及决策模型进行的研究。研究的过程对于方案的构思和决策都有积极推动的作用。但是对于构件要素的整体影响机理的研究还将是下一步进行的目标。不同类型的构件要素其影响机理会有变化，掌握这种变化的规律也是研究的一部分。如前文所述，在建筑设计方法的研究中，系统科学已经有了多方面的发展，但是由于建筑设计的构件要素的复杂性和建筑类型的综合性，对于设计方法的研究还有很长一段路要走，基于"动为本原，静为载体"的设计目标的提出可以在建筑实践中探索出一条较新的道路。

第7章 结 语

本书试图从中国哲学思辨体系出发,对相关建筑设计实践过程进行梳理,探索建筑设计实践在中国现状下的本原,以及可能存在的发展方向。把建筑设计实践的过程看作与使用者共生共发展的智慧化演进的系统,首先需要重新建立建筑设计实践过程的定义以外延。建筑设计实践活动是从需求、想象、设计到成形的完整过程,是建筑的物质生命和功能生命的完整变化过程。将人的生活方式的变化作为建筑设计实践这个复杂系统变化过程的重要影响因素来分析,使得人的变化因素和环境的变化因素均成为设计实践这一系统的重要组成部分,并通过有效的设计实践控制使建筑的全生命周期能够纳入自然的有序循环当中。如此,建筑和人成为一个共同体,一起作为自然循环体系中不可分割的部分,建筑于是具有真正自然的初始形态和生长过程,即萌芽、生长、成熟、衰老、消解的全生命过程,进一步表现为具有智慧的渐变过程。这个演进的过程可称之为建筑的智慧,这种模式下形成的建筑则可称之为"智慧化建筑"(sapiential architecture)。

建筑设计实践智慧化过程的本质特征是:开放、共享、适应、变化。建筑同使用者即人充分互动。建筑的每一种材料从来源、产地及生命周期内的能耗都是可查询的。在建筑设计时采用植入系统使建筑成为"活"的智慧化建筑,建筑设计实践的过程从材料表现到空间表达都是开放的,这里的开放是指信息上的开放,使用者可以随心所欲地查询所拥有的建筑的墙体寿命、强度、可改变性,空间的温度、湿度、舒适度。人和建筑共同成长,共同维护,类似于森林里共生的动植物。在信息时代,这种开放、共享、适应及变化一定是基于互联网的思维方式而存在和表现的,但是建筑设计实践又有着其特殊的形式。建筑设计实践的过程大多基于成熟的科学技术,并且依赖于当前的经济形势,不完全是虚拟的线上活动所能包含的。互联网可以最大程度而且实时为使用者、建设方以及设计者三方提供数据共享及反馈,也可以对复杂数据进行分析调整,以确保在大数据的情况下通过云计算实现云设计。互联网对于建筑设计实践的最大影响是以前的地域限制不复存在,各专业人才可以实现远距离无障碍沟通,而且线上交流还有助于利用长尾理论解决针对有着不同美学标准、不同目标需求的大量小众客户的建筑设计问题。但是,即便互联网可以最大限度地模拟虚拟空间,在身体需求仍然存在的当下,虚拟空间还是无法替代实体空间的,互联网依然解决不了线下体验的问题。因此,将来的设计实践模式需要寻找到更好的办法,以同时满足虚拟空间的体验性和用最小的成本来提供实体空间变化的可能性。

　　无论从哪个角度而言，建筑设计的理论都是为实践服务的，而建筑设计实践
过程体现了诸多的综合效应，包括社会效应、环境效应、经济效应等，建筑设计
实践也正是在不断的摸索中寻找更好的方法来推动以上效应朝向使人类可以更好
与自然相协调的方向发展。建筑设计实践有两种倾向，一种是面向一定经济实
体、追求规模效益的规模化和标准化的设计实践方式；一种是面向特殊用户、追
求个性感知的定制化和小型化的实践方式。前者注重建筑的实体空间及功能如何
通过高科技在空间上寻求同质化标准化；后者注重建筑的空间形式如何通过直觉
在形式上完成自我表现。在早期互联网技术没有深入建筑设计行业以前，前者的
设计实践更倾向于工业化和技术化，后者的设计实践更倾向于艺术化和个人化。
在互联网接入设计并成为主流设计方法之后，技术和艺术的分界不再那么明显。
通过科技表现出来的形状更加自我和夺人眼球，使得大众审美迷失在科技和艺术
的漩涡里。设计究竟是属于个人设计还是属于集体设计，在信息社会的今天重新
进入了新一轮的两极分化。而建筑设计由于其过程的多元化，使得这个问题更难
以回答。

　　建筑的产生首先是应当令人舒适或者愉快的，人所产生生理或者心理上的反
应也就是给人带来的整体感受。那么，这一整体感受究竟包括建筑设计实践这一
系统的哪些要素？这一些要素又有哪些子系统构成？系统和系统之间、子系统和
子系统之间的关联和变化，形成它们之间的链接有着哪些规律？这些都是设计者
在建筑实践中应该考虑的问题。建筑是和人一起演化以顺应自然的人工载体，人
们在与建筑的共处过程中不仅仅要感知还要使用，而使用又反过来会受到感知的
影响。

　　建筑的演化过程是指建筑设计实践过程的智慧化与建筑全生命周期的智慧化
的同步。人类在借助建筑这一载体抵御自然、和自然共生的同时，也力求使建筑
设计实践能够跟上社会经济发展的进程，理想状态是与科技及精神需求发展同
步。基于这种倾向，建筑设计实践的方法已经不是维特鲁威所言有既定的可以描
绘的"清晰可依的原则"，也不再像拉斯金创造的可以"设法确定一些永恒的、
普遍的、不可辩驳的公理法则"，而是设计重新回到了老子所言"无法可依"的
状况。"无法"并不是没有办法，而是基于变化的可适应的动态体系，在设计手
法上也是动态变化的，而非墨守成规、拘于成法。在此基础上，建立新的适应当
前发展计划的建筑智慧化设计方法，并形成基本的体系，并在不断累计数据、开
放数据的前提下通过大量的设计实践总结出动态变化的系统建构模型，使建筑设
计实践的方法成为不断适应变化的动态系统方法。更进一步，在动态系统方法论
体系上建立理论模型，模型能够适应建筑设计的影响因素变化及其对建造实践过
程的影响，通过反馈和自适应控制来适时改变设计，以便在设计中实时接受经济
性及人居方式的改变所带来的功能的变化，从而使建成的效果最接近理想状态，

并在建筑的物质生命周期中实时对功能进行调整，实现建筑的自适应调整。如此，就可以建立起完整的建筑设计实践的智慧化过程，建立建筑和人及设计师的共生共存，使建筑设计的演进方向朝向更高层次的智慧化方向演进。

作者期待未来能够对建筑设计实践的智慧化及其设计过程开展更进一步的阶段性实验和研究。建筑设计实践本身是一个复杂的过程，在建筑设计实践的周期之内搜集参与者和建筑自身变化的数据已经是一个极为庞大的工程，而相关的大数据的积累和开放更为漫长。更何况，建筑的变化早已超出了现有的建筑设计实践的周期，建筑的归属、所有权限、建筑设计的归属问题都是数据累计的阻碍。这些都是建筑设计深入研究需要逾越的障碍。同时，作为实践者之一，作者参与建筑实验，一定程度上会偏离客观视角。因此本书未敢对建筑设计智慧化这一课题给予定论，只是希望能够管窥冰山一角，为下一步的研究及建立可应用于建筑设计实践的动态系统模型提供理论方向和研究基础。

参 考 文 献

阿尔多·罗西. 2006. 城市建筑学[M]. 黄士钧，译. 北京：中国建筑工业出版社.

阿摩斯·拉普卜特. 2004. 文化特性与建筑设计[M]. 长青，译. 北京：中国建筑工业出版社：70.

保罗·希利亚斯. 2006. 复杂性与后现代主义[M]. 曾国屏，译. 上海：上海科技教育出版社.

北京市注册建筑师管理委员会. 2004. 一级注册建筑师考试教材[M]. 北京：中国建筑工业出版社.

贝塔朗菲. 2000. 一般系统论[M]. 林康义，魏宏森，译. 北京：清华大学出版社.

勃罗德彭特. 1992. 建筑设计与人文科学[M]. 张韦，译. 北京：中国建筑工业出版社.

蔡珏，黄涛. 2005. 建筑设计问题的复杂性与协同设计[J]. 湖南城市学院学报（自然科学版），14(2)：
31-33.

蔡晓明. 2002. 生态系统生态学[M]. 北京：科学出版社.

陈纪凯. 2004. 适应性城市设计[M]. 北京：中国建筑工业出版社.

陈政雄. 1978. 建筑设计方法[M]. 台北：东大图书公司印行.

陈植. 1988. 园冶注释[M]. 北京：中国建筑工业出版社.

程大锦. 1987. 建筑：形式·空间和秩序[M]. 邹德侬，方千里，译. 北京：中国建筑工业出版社.

戴吾三. 2003. 考工记图说[M]. 济南：山东画报出版社.

丹尼斯·麦多斯. 1997. 增长的极限[M]. 李宝恒，译. 长春：吉林人民出版社.

董承统. 1987. 人体自稳态[J]. 自然杂志，8：24-26.

弗洛伊德，车文博. 1988. 弗洛伊德主义原著选辑：上卷[M]. 沈阳：辽宁人民出版社.

顾基发，唐锡晋. 2006. 物理-事理-人理系统方法论：理论与应用[M]. 上海：上海科技教育出版社.

郭廉夫，毛延亨. 2008. 中国设计理论辑要[M]. 香港：凤凰出版传媒集团.

国家计委. 1987. 建设项目经济评价方法与参数[M]. 北京：中国计划出版社.

汉肯. 1984. 控制论和社会[M]. 黎鸣，译. 北京：商务印书馆.

郝艳，任连海，王攀. 2013. 国内外城市固体废弃物处理技术与模式[J]. 绿色科技，(12)：143-145.

何成森，郭亚，马军成. 2001. 医学心理学中的系统论思考[J]. 医学与哲学，22(6)，46-48.

赫尔曼·哈肯. 2005. 协同学：大自然构成的奥秘[M]. 凌复华，译. 上海：上海译文出版社.

侯幼彬. 2009. 中国建筑美学[M]. 北京：中国建筑工业出版社.

黄光宇，陈勇. 2002. 生态城市理论与规划设计方法[M]. 北京：科学出版社.

希格弗莱德·吉迪恩. 1986. 空间·时间·建筑[M]. 王锦堂，孙全文，译. 台湾：台隆书店.

建筑实录编写组. 1985. 建筑实录[M]. 北京：中国建筑工业出版社：91-126.

姜涌. 2005. 建筑师职能体系与建造实践[M]. 北京：清华大学出版社.

蒋笃运，赵桂英. 1990. 思想教育系统论[J]. 河南师范大学学报：哲学社会科学版，(1)：58-63.

金观涛. 1987. 整体的哲学[M]. 成都：四川人民出版社.

凯文·林奇，加里·海克. 1999. 总体设计[M]. 黄富厢，朱祺，吴小亚，译. 北京：中国建筑工业出版社.

李道增. 1999. 环境行为学概论[M]. 北京：清华大学出版社.

李宏利. 2004. 建筑设计中过程的展示[J]. 山西建筑，30(7)：9-11.

李诫. 2006. 营造法式[M]. 上海：中华书局：168.

李启明，聂筑梅. 2003. 现代房地产绿色开发和评价[M]. 南京：江苏科学技术出版社.

李全云. 2004. 建筑设计与过程共享[J]. 河北建筑工程学院学报，22(2)：91-93.

李婷婷. 2010. 从批判的地域主义到自反的地域主义——比较上海新天地和田子坊[J]. 世界建筑，12(2)：

244-246.

理查德·布坎南，维克多·马克林. 2010. 发现设计——设计研究探讨[M]. 香港：凤凰出版传媒集团.

郦道元. 1990. 水经注[M]. 上海：上海古籍出版社.

梁思成. 2005. 中国建筑史[M]. 天津：百花文艺出版社.

林玉莲，胡正凡. 2000. 环境心理学[M]. 北京：中国建筑工业出版社.

刘加平. 1993. 城市物理环境[M]. 西安：西安交通大学出版社.

刘杰，孟会敏. 2009. 关于布郎芬布伦纳发展心理学生态系统理论[J]. 中国健康心理学杂志，17(2)：
    250-252.

刘天时，赵嵩正，马刚. 2002. 一种管理信息系统授权方法的数据库设计[J]. 西北工业学院学报，22(3)：
    271-273.

刘先觉. 1992. 现代建筑理论——建筑结合人文科学、自然科学与技术科学的新成就[M]. 北京：中国建筑
    工业出版社.

刘欣彦，朱晓琳. 2009. 建筑与时间[J]. 建筑技艺，2：114-117.

刘易斯·芒福德. 2009. 技术与文明[M]. 陈允明，王克仁，李华山，译. 北京：中国建筑工业出版社.

刘昭如. 2003. 建筑构造设计基础[M]. 北京：科学出版社.

芦原义信. 1985. 外部空间设计[M]. 尹培桐，译. 北京：中国建筑工业出版社.

罗伯特·文丘里. 2008. 建筑的复杂性与矛盾性[J]. 建筑师，(8)：12-14.

罗嘉昌. 1996. 从物质实体到关系实在[M]. 北京：中国社会科学出版社.

罗杰·斯克鲁顿. 2003. 建筑美学[M]. 刘先觉，译. 北京：中国建筑工业出版社.

马进，杨靖. 2005. 当代建筑构造的建构解析[M]. 南京：东南大学出版社.

马斯洛. 2003. 马斯洛人本哲学[M]. 成明编，译. 北京：九州出版社.

南京工学院建筑研究所. 1983. 杨廷宝建筑设计作品集[M]. 北京：中国建筑工业出版社.

倪建林. 2007. 中西设计艺术比较[M]. 重庆：重庆大学出版社.

尼科里斯，普利高津. 1992. 探索复杂性[M]. 罗久里，陈奎宁，译. 成都：四川教育出版社.

聂梅生，秦佑国. 1997. 中国生态住宅技术评价手册[M]. 北京：中国建筑工业出版社.

诺伯格·舒尔兹. 1984. 存在·空间·建筑[M]. 尹培桐，译. 北京：中国建筑工业出版社.

乔斯·B·阿斯福德等. 2005. 人类行为与社会环境[M]. 王宏亮，译. 北京：中国人民大学出版社.

佘正荣. 1996. 生态智慧论[M]. 北京：中国社会科学出版社.

沈福煦. 2006. 建筑概论[M]. 北京：中国建筑工业出版社：18.

宋晔皓. 2000. 结合自然整体设计：注重生态的建筑设计研究[M]. 北京：中国建筑工业出版社.

苏炜，王菁. 2002. 建筑设计方案模糊层次评价模型及方法[J]. 河南科学，20(2)：160-163.

苏炜，王菁. 2005. 建筑设计方案的属性综合评价[J]. 四川建筑科学研究，31(1)：1087-109.

唐恢一，陆明. 2008. 城市学[M]. 哈尔滨：哈尔滨工业大学出版社.

藤井明. 2003. 聚落探访[M]. 北京：中国建筑工业出版社.

田利. 2005. 建筑设计基本过程研究[J]. 时代建筑，2005(3)：71-72.

田利. 2006. 建筑设计限制的认知[J]. 时代建筑，2006(3)：23-25.

田蕴. 2001. 建筑设计研究中科学方法的运用[J]. 科技情报开发与经济，11(4)：104-106.

王朝晖. 1999. 中国可持续建筑理论框架与实用技术探讨[D]. 北京：清华大学博士学位论文.

王锦堂. 1984. 建筑设计方法论[M]. 台北：台隆图书公司.

王清湘，温宇平. 2003. 建筑设计方案的模糊优选模型及其应用[J]. 四川建筑科学研究，28(3)：87-89.

王志周. 1987. 建筑设计方法现代化进程的若干特点[J]. 世界建筑，1987(5)：34-36.

威廉·詹姆斯. 2009. 心理学原理[M]. 郭宾，译. 北京：中国社会科学出版社.

魏士衡. 1994. 中国自然美学思想探源[M]. 北京：中国城市出版社.

吴良镛. 1989. 广义建筑学[M]. 北京：清华大学出版社.

吴晓波. 2007. 激荡三十年[J]. 新经济导刊, 2007 (3)：79-79.

肖雅心，杨建新，刘晶茹. 2014. 建筑生命周期评价研究热点探析[C]// 2014 中国可持续发展论坛.

颜宏亮. 2002. 建筑特种构造[M]. 上海：同济大学出版社.

扬·盖尔著. 1992. 交往与空间[M]. 何人可, 译. 北京：中国建筑工业出版社.

杨经文. 1999. 绿色摩天楼的设计与规划[J]. 世界建筑, (2), 21-29.

杨裕富. 1998. 空间设计：概论与设计方法[M]. 台北：田园城市文化公司.

衣俊卿. 2000. 回归生活世界的文化哲学[M]. 哈尔滨：黑龙江人民出版社.

俞盘祥. 沈金发. 1988. 数据库系统原理[M]. 北京：清华大学出版社：10-12.

虞春隆. 吴国波. 2003. 系统分析方法在建筑设计中的运用[J]. 中外建筑, 22(4)：21-24.

约狄克. 1983. 建筑设计方法论[M]. 冯纪忠, 杨公侠, 译. 武汉：华中工学院出版社.

张春林，朱欣焰. 2002. 网络数据库系统中实现冗余数据一致性的一种方法[J]. 计算机工程与应用, 38(4)：
　　180-182.

张利. 2002. 信息时代的建筑与建筑设计[M]. 南京：东南大学出版社.

张钦南. 1995. 建筑设计方法学[M]. 西安：陕西科学技术出版社.

张钦南. 2008. 中国古代建筑师[M]. 北京：三联书店.

章俊华. 2005. 规划设计学中的调查分析法与实践[M]. 北京：中国建筑工业出版社.

赵红斌，王琰，徐健生. 2012. 典型建筑创作过程模式研究[J]. 西安建筑科技大学学报(自然科学版),
　　44(1)：77-81.

赵克理. 2008. 顺天造物—中国传统设计文化论[M]. 北京：中国轻工业出版社：111-113.

郑洁. 中国建筑为何短命？短命建筑：耗能耗财. http://news. house365. com/gbk/hfestate/system/2011/
　　04/06/010285033. shtml[2011-04-06].

朱啟鈐，梁启雄，刘敦桢. 2005. 哲匠录[M]. 北京：中国建筑工业出版社.

朱小雷，吴硕贤. 2002. 使用后评价对建筑设计的影响及其对我国的意义[J]. 建筑学报, 22(5)：42-44.

朱小雷. 2005. 建成环境主观评价方法研究[M]. 南京：东南大学出版社.

朱晓琳，吴春花. 2010. 保护与再生——关于工业建筑改造的讨论[J]. 建筑技艺, 11：83-85.

诸葛铠. 2009. 设计艺术学十讲[M]. 济南：山东美术出版社.

诸智勇，王小川，罗奇. 2006. 建筑设计的材料语言[M]. 北京：中国电力出版社.

庄维敏. 2000. 建筑策划导论[M]. 北京：中国水利水电出版社.

邹德侬，戴路，张向炜. 2010. 中国现代建筑史[M]. 北京：中国建筑工业出版社：272.

Banham R. 1997. A Critic Writes: Selected Essays by Reyner Banham[M]. Berkeley: University of California
　　Press.

Basbagill J, Flager F, Lepech M, et al. 2013. Application of life-cycle assessment to early stage building
　　design for reduced embodied environmental impacts[J]. Building and Environment, 60: 81-92.

Bohm D. 1996. Wholeness and the Implicate Order[M]. London: Routledge.

Cabeza L F, Castellon C, Nogues M, et al. 2007. Use of microencapsulated PCM in concrete walls for energy
　　savings[J]. Energy and Buildings, 39(2): 113-119.

Carson, R. 2002. Silent spring[M]. Boston: Houghton Mifflin Harcourt.

Cho Y, Challa S, Moquin D. 2009. Phosphorylation-driven assembly of the RIP1-RIP3 complex regulates
　　programmed necrosis and virus-induced inflammation[J]. Cell, 137(6): 1112-1123.

Cho Y S. 2012,. LCA application in the optimum design of high rise steel structures[J]. Renewable &

Sustainable Energy Reviews, 16(5):3146-3153.

Collinge W O, Landis A E, Jones A K, et al. 2013. Dynamic life cycle assessment: framework and application to an institutional building. The International Journal of Life Cycle Assessment,18(3):538-552.

Conzen M R G. 1960. Northumberland: a study in town-plan analysis[J]. Transactions and Papers (Institute of British Geographers), 28(27):1-122.

Fowler F J. 1988. Survey research methods[M]. Newbury Park: CA: Sage.

Gelernter M . 2009 . A History of American Architecture: Buildings in Their Cultural and Technological Context. [M] Manchester :Manchester University Press.

Jencks C. 1977. The language of post-modern architecture. Journal of Aesthetics and Art Criticism,37 (2): 239-240.

Jones C J, Nesselroade J R. 1990. Multivariate, replicated, single-subject, repeated measures designs and P-technique factor analysis: A review of intraindividual change studies[J]. Experimental Aging Research, 16(4) :171-183.

Lemmond J. The Future of Building Energy Data Collection. http://energybeat. aquicore. com/the-future-of-building-data-collection[2015-2-24].

Maslow A H, Frager R, Cox R. 1970. Motivation and personality[M]. New York: Harper & Row.

Nicolis, Prigogine. 1977. Self Organization and No equilibrium Systems[M]. Newyork:Wiley.

Rapoport A. 1982. The meaning of the built environment: A nonverbal communication approach[M]. Tucson Arizona: University of Arizona Press.

Sigfried Giedion. 1941. Space, Time and Architecture: The Growth of a New Tradition[M]. Boston:Harvard University Press.

附录1 本书重新定义的相关概念

1. 建筑全生命周期

建筑从萌芽、生长、成熟、衰老、死亡的整个过程,萌芽阶段包括项目建议、场地选择、可行性研究报告、任务书制定、概念设计等现有项目运行阶段中和建筑相关的部分;生长阶段包括概念设计、方案设计及施工图设计等现有设计阶段;成熟阶段是指建筑开始施工过程中的变更、反馈、调整以及和使用者相适应的数据搜集阶段;衰老阶段是指建筑功能生命进入后期,而物质生命仍得以延续,需要进行改扩建以维持使用的阶段;死亡是指建筑的功能生命和物质生命都彻底消亡的时间。

2. 进化建筑

建筑在全生命周期过程中可以随着人的生活方式的进化而通过系统控制的方法自我反馈、主动或被动调整其功能从而能不断进化的建筑。

3. 建筑设计实践过程的智慧化

主题词在于强调实践的过程,实践的过程指设计全程参与建筑的全生命周期。设计在建筑的全生命周期里起到动态协调的控制杆的作用。通过开放的设计方式、共享的设计数据、适应的设计方法、变化的设计目标来实现建筑设计实践过程的智慧化。

附录 2   调 查 问 卷

1. 背景资料

建筑设计项目的运作过程大多基于国家的规章制度,从前期方案构思到施工图完成之间的影响因素很多,容易造成偏差,致使设计人员难以把握正确的方向。研究建筑设计动态过程中各构件要素与构件要素之间影响关系的变化,为建筑设计的适应性和可控性提供了新的思路,也正是本次调研活动的着眼点。

本研究将建筑设计的动态过程具体划分为:前期阶段、方案阶段和施工图阶段,设计从模糊逐渐走向确定。问卷中的问题也是针对各个构件要素在建筑设计动态阶段中的表现情况进行设计的。

我们郑重承诺将对所有参与调研的个人/组织的数据保密,并且绝不会将其用于商业用途。您的积极参与是我们研究工作获得突破的源泉,对于您的真诚合作致以最衷心的感谢!

2. 基础信息

请填写基础信息表(附表 1)中的相关信息。

附表 1   填表人基础信息

问卷编号		填表日期			
所在公司名称		所在省份和城市			
您在该公司的从业年限		电子邮件			
您的职务	A 董事长　　B 总建筑师	C 项目负责人	D 建筑工种负责人		E 其他
您的学历	A 研究生以上 B 本科	C 大专	D 高中或中专		E 其他
所属公司类型	A 方案公司　　B 施工图公司	C 规划部门	D 策划公司		E 建筑院校
员工规模	A 10 人以下 B 10-20 人	C 20-50 百人	D 50-100 人		E 100 人以上
您对项目的全生命周期的熟悉吗?	A 熟悉	B 一般	C 不熟悉		

3. 填写说明

附表 2~附表 6 中的问题分左右两部分:左边为调研项目,右边为一组数字。请在右边的 7 个数字中,选择一个最能表达您的意见的数字(打√);表格右边数字1,2,…,7 的含意和语义强度,是由表格中每行左边的调研项目、表格右上方的文字以及数字的大小共同确定。

(1)请根据您所认为的影响建筑设计的过程构件要素的情况,对表中的评价子项在不同阶段的重要程度进行评价(在符合的答案上打√)。

附表2 影响建筑设计过程的构件因素表(一)

建筑设计	阶段	不重要	→		重要		→	很重要
地域历史景观的保护与继承	前期阶段	1	2	3	4	5	6	7
	方案阶段	1	2	3	4	5	6	7
	施工图阶段	1	2	3	4	5	6	7
地域气候影响	前期阶段	1	2	3	4	5	6	7
	方案阶段	1	2	3	4	5	6	7
	施工图阶段	1	2	3	4	5	6	7
地域文化影响	前期阶段	1	2	3	4	5	6	7
	方案阶段	1	2	3	4	5	6	7
	施工图阶段	1	2	3	4	5	6	7
生活方式	前期阶段	1	2	3	4	5	6	7
	方案阶段	1	2	3	4	5	6	7
	施工图阶段	1	2	3	4	5	6	7
传统性	前期阶段	1	2	3	4	5	6	7
	方案阶段	1	2	3	4	5	6	7
	施工图阶段	1	2	3	4	5	6	7
归属感	前期阶段	1	2	3	4	5	6	7
	方案阶段	1	2	3	4	5	6	7
	施工图阶段	1	2	3	4	5	6	7
认知度	前期阶段	1	2	3	4	5	6	7
	方案阶段	1	2	3	4	5	6	7
	施工图阶段	1	2	3	4	5	6	7
沿街轮廓线	前期阶段	1	2	3	4	5	6	7
	方案阶段	1	2	3	4	5	6	7
	施工图阶段	1	2	3	4	5	6	7
街道尺度	前期阶段	1	2	3	4	5	6	7
	方案阶段	1	2	3	4	5	6	7
	施工图阶段	1	2	3	4	5	6	7
城镇景观	前期阶段	1	2	3	4	5	6	7
	方案阶段	1	2	3	4	5	6	7
	施工图阶段	1	2	3	4	5	6	7
居民参与设计	前期阶段	1	2	3	4	5	6	7
	方案阶段	1	2	3	4	5	6	7
	施工图阶段	1	2	3	4	5	6	7
通用设计	前期阶段	1	2	3	4	5	6	7
	方案阶段	1	2	3	4	5	6	7
	施工图阶段	1	2	3	4	5	6	7

续表

建筑设计	阶段	不重要	→		重要	→		很重要
人的尺度	前期阶段	1	2	3	4	5	6	7
	方案阶段	1	2	3	4	5	6	7
	施工图阶段	1	2	3	4	5	6	7
安全感	前期阶段	1	2	3	4	5	6	7
	方案阶段	1	2	3	4	5	6	7
	施工图阶段	1	2	3	4	5	6	7
考虑儿童和老年人	前期阶段	1	2	3	4	5	6	7
	方案阶段	1	2	3	4	5	6	7
	施工图阶段	1	2	3	4	5	6	7
过渡空间	前期阶段	1	2	3	4	5	6	7
	方案阶段	1	2	3	4	5	6	7
	施工图阶段	1	2	3	4	5	6	7
空间布局的私密性	前期阶段	1	2	3	4	5	6	7
	方案阶段	1	2	3	4	5	6	7
	施工图阶段	1	2	3	4	5	6	7
室外开放空间	前期阶段	1	2	3	4	5	6	7
	方案阶段	1	2	3	4	5	6	7
	施工图阶段	1	2	3	4	5	6	7
市内公共空间	前期阶段	1	2	3	4	5	6	7
	方案阶段	1	2	3	4	5	6	7
	施工图阶段	1	2	3	4	5	6	7
无障碍	前期阶段	1	2	3	4	5	6	7
	方案阶段	1	2	3	4	5	6	7
	施工图阶段	1	2	3	4	5	6	7

附表 3　影响建筑设计过程的构件因素表(二)

场地规划	阶段	不重要	→		重要	→		很重要
体块关系	前期阶段	1	2	3	4	5	6	7
	方案阶段	1	2	3	4	5	6	7
	施工图阶段	1	2	3	4	5	6	7
动静分区	前期阶段	1	2	3	4	5	6	7
	方案阶段	1	2	3	4	5	6	7
	施工图阶段	1	2	3	4	5	6	7
容积率	前期阶段	1	2	3	4	5	6	7
	方案阶段	1	2	3	4	5	6	7
	施工图阶段	1	2	3	4	5	6	7

场地规划	阶段	不重要		→		重要	→		很重要	
建筑密度	前期阶段	1	2	3	4	5		6	7	
	方案阶段	1	2	3	4	5		6	7	
	施工图阶段	1	2	3	4	5		6	7	
绿地率	前期阶段	1	2	3	4	5		6	7	
	方案阶段	1	2	3	4	5		6	7	
	施工图阶段	1	2	3	4	5		6	7	
地形	前期阶段	1	2	3	4	5		6	7	
	方案阶段	1	2	3	4	5		6	7	
	施工图阶段	1	2	3	4	5		6	7	
朝向	前期阶段	1	2	3	4	5		6	7	
	方案阶段	1	2	3	4	5		6	7	
	施工图阶段	1	2	3	4	5		6	7	
停车数	前期阶段	1	2	3	4	5		6	7	
	方案阶段	1	2	3	4	5		6	7	
	施工图阶段	1	2	3	4	5		6	7	
体型系数	前期阶段	1	2	3	4	5		6	7	
	方案阶段	1	2	3	4	5		6	7	
	施工图阶段	1	2	3	4	5		6	7	
功能流线	前期阶段	1	2	3	4	5		6	7	
	方案阶段	1	2	3	4	5		6	7	
	施工图阶段	1	2	3	4	5		6	7	
日照间距	前期阶段	1	2	3	4	5		6	7	
	方案阶段	1	2	3	4	5		6	7	
	施工图阶段	1	2	3	4	5		6	7	

附表 4　影响建筑设计过程的构件因素表(三)

造价	阶段	不重要		→		重要	→		很重要	
土地成本	前期阶段	1	2	3	4	5		6	7	
	方案阶段	1	2	3	4	5		6	7	
	施工图阶段	1	2	3	4	5		6	7	
绿化景观	前期阶段	1	2	3	4	5		6	7	
	方案阶段	1	2	3	4	5		6	7	
	施工图阶段	1	2	3	4	5		6	7	
市政公用设施	前期阶段	1	2	3	4	5		6	7	
	方案阶段	1	2	3	4	5		6	7	
	施工图阶段	1	2	3	4	5		6	7	

续表

造价	阶段	不重要	→			重要	→	很重要
交通	前期阶段	1	2	3	4	5	6	7
	方案阶段	1	2	3	4	5	6	7
	施工图阶段	1	2	3	4	5	6	7
土建	前期阶段	1	2	3	4	5	6	7
	方案阶段	1	2	3	4	5	6	7
	施工图阶段	1	2	3	4	5	6	7
设备	前期阶段	1	2	3	4	5	6	7
	方案阶段	1	2	3	4	5	6	7
	施工图阶段	1	2	3	4	5	6	7

(2)请根据您所认为的影响建筑设计的过程结构关系的情况,对表中的评价项目的考虑的权重程度进行评价(在符合的答案上打√)。

附表 5　影响建筑设计过程的结构关系表

影响建筑构件要素的结构关系	阶段	不必要	→			必要	→	很必要
对称	前期阶段	1	2	3	4	5	6	7
	方案阶段	1	2	3	4	5	6	7
	施工图阶段	1	2	3	4	5	6	7
节奏	前期阶段	1	2	3	4	5	6	7
	方案阶段	1	2	3	4	5	6	7
	施工图阶段	1	2	3	4	5	6	7
比例	前期阶段	1	2	3	4	5	6	7
	方案阶段	1	2	3	4	5	6	7
	施工图阶段	1	2	3	4	5	6	7
均衡	前期阶段	1	2	3	4	5	6	7
	方案阶段	1	2	3	4	5	6	7
	施工图阶段	1	2	3	4	5	6	7
尺度	前期阶段	1	2	3	4	5	6	7
	方案阶段	1	2	3	4	5	6	7
	施工图阶段	1	2	3	4	5	6	7
韵律	前期阶段	1	2	3	4	5	6	7
	方案阶段	1	2	3	4	5	6	7
	施工图阶段	1	2	3	4	5	6	7
大小	前期阶段	1	2	3	4	5	6	7
	方案阶段	1	2	3	4	5	6	7
	施工图阶段	1	2	3	4	5	6	7

影响建筑构件要素的结构关系	阶段	不必要		→		必要	→	很必要	
形状	前期阶段	1	2	3	4	5		6	7
	方案阶段	1	2	3	4	5		6	7
	施工图阶段	1	2	3	4	5		6	7
组织	前期阶段	1	2	3	4	5		6	7
	方案阶段	1	2	3	4	5		6	7
	施工图阶段	1	2	3	4	5		6	7

(3)请根据您所认为的影响建筑设计的过程的空间设计方法,对表中的评价项目进行评价(在符合的答案上打√)。

附表6　影响建筑设计过程的空间设计方法表

空间组合方式	阶段	不必要		→		必要	→	很必要	
空间的限定	前期阶段	1	2	3	4	5		6	7
	方案阶段	1	2	3	4	5		6	7
	施工图阶段	1	2	3	4	5		6	7
空间的形状与界面处理	前期阶段	1	2	3	4	5		6	7
	方案阶段	1	2	3	4	5		6	7
	施工图阶段	1	2	3	4	5		6	7
空间的围透	前期阶段	1	2	3	4	5		6	7
	方案阶段	1	2	3	4	5		6	7
	施工图阶段	1	2	3	4	5		6	7
空间的穿插与贯通	前期阶段	1	2	3	4	5		6	7
	方案阶段	1	2	3	4	5		6	7
	施工图阶段	1	2	3	4	5		6	7
空间的导向与序列	前期阶段	1	2	3	4	5		6	7
	方案阶段	1	2	3	4	5		6	7
	施工图阶段	1	2	3	4	5		6	7